オウンドメディアのやさしい教科書。

ブランド力・業績を向上させるための戦略・制作・改善メソッド

ディーエムソリューションズ株式会社
山口耕平 監修・著　徳井ちひろ 著

エムディエヌコーポレーション

はじめに

毎日の通勤通学時間にお気に入りのWebサイトを見る。欲しいものはネット通販。何か疑問や悩みがあればインターネットで情報収集。面白い情報はSNSでシェア。インターネットでの検索行動が一般化した現代において、新聞・雑誌・テレビ・ラジオなどの広告だけではなく、Webでのリーチを広げる重要性は年々高まっています。

近年、コーポレートサイトとは別に、顧客にとって価値のある情報を発信する「オウンドメディア」をはじめる企業が増えています。「ブランディング」「新規リードの獲得」「顧客とのコミュニケーション」など、オウンドメディアに期待する効果はさまざまですが、成功しているオウンドメディアは一握りです。多くの企業は、「オウンドメディアを立ち上げたいが、社内の理解が得られない」「コンテンツを増やしても流入が増えない」「せっかく来たユーザーがすぐに帰ってしまう」「効果測定の方法がわからない」など、多くの課題を抱えています。

本書では、マーケティングのご担当者様が、オウンドメディアを運営するうえでつまずくことの多い課題をピックアップし、「オウンドメディアの基礎知識」から「Googleアナリティクスなど解析ツールの使い方」まで、課題解決に必要な要素をわかりやすくまとめています。

また、著名なオウンドメディアを運営する担当者に取材・調査を行い、成功の秘訣をひも解いてご紹介いたします。これからオウンドメディアを立ち上げる方だけではなく、既にオウンドメディアを運営している方にとっても役立つ内容です。本書がみなさまの一助になることを心から願っております。

徳井ちひろ

CONTENTS

CHAPTER 3
事前の準備

CHAPTER 4
オウンドメディア制作

CONTENTS

CHAPTER 5
コンテンツ制作と運用

CHAPTER 6
コンテンツの効果測定と改善

CHAPTER 7

成果を上げるために必要なこと

CHAPTER 8

成功しているオウンドメディア事例

CHAPTER 1

オウンドメディアとは

オウンドメディアという言葉が浸透してしばらく経ちますが、あなたは「オウンドメディアとは何ですか?」と聞かれた際、正しく説明ができるでしょうか。オウンドメディアの定義や役割など、まずは基礎について勉強していきましょう。

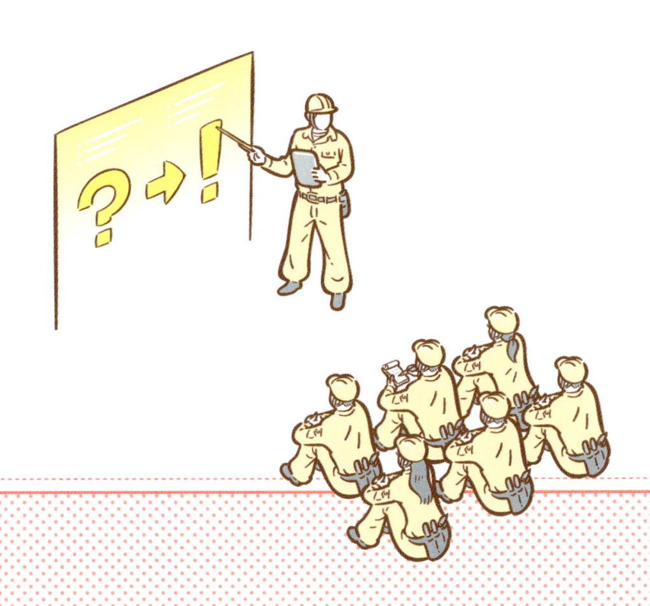

01 オウンドメディアとトリプルメディア

基本編

「オウンドメディア」と聞くと、企業が運営するブログを掲載したWebサイトを思い浮かべる方も多いかと思います。しかし、オウンドメディア（Owned Media）を正しく定義すると、「自社が所有するメディア」という意味になります。そのため、厳密にはコーポレートサイトやサービスサイトも「オウンドメディア」に当てはまることになります。

トリプルメディアとは

オウンドメディアについて学ぼうとすると必ず出てくる言葉が、「トリプルメディア」です。トリプルメディアとは、メディア戦略を考えるときに利用するマーケティングチャネルを3つに分類したフレームワークです。オウンドメディアも、元々はトリプルメディアの内のひとつなのです。

●オウンドメディア

英語の意味を直訳するとわかりやすいのですが、オウンドメディアは「owned（所有している）＋メディア」という意味ですので、自社で所有しているメディアを指します。ブログ形式のWebサイトだけではなく、コーポレートサイトやサービスサイトなどもオウンドメディアに分類されます。ただし、多くの人に認知されている通り、コラムなどの読み物コンテンツを取り扱う、ブログ形式のWebサイトのことを指して話されることがほとんどです。ユーザーにとって有益な情報を定期的に発信をすることで、見込顧客とコミュニケーションを取り、ユーザーニーズの育成や、企業ブランディングなどに有効です。

名前の通り、自社で所有するメディアとなりますので、作ったコンテンツが自社の資産となる大きなメリットがあります。しかし、ペイドメディアのように細かいコントロールがききづらく、成果がでるまでに時間がかかるというデメリットもあります。

オウンドメディアの例。

ペイドメディア

一方でペイドメディアは「Paid（払う）＋メディア」。リスティング広告やディスプレイ広告など、費用を払って利用するメディアを指します。認知や集客に強みがあり、新規顧客にアプローチする際に有効です。費用を支払えばすぐにコンテンツを露出させることができ、支払う金額を調整することで露出を細かく調整できるなどのメリットがありますが、広告費用を支払続けなければいけないうえに、自社の資産とはならないなどのデメリットもあります。

ペイドメディアの例。

アーンドメディア

最後のアーンドメディアは「earned（獲得する）＋メディア」という意味で、ユーザーの信頼や支持を獲得することを意味しています。アーンドメディアという言葉が生まれたのには、SNSやCGMと呼ばれる口コミサイトの登場が大きく関係しています。

情報を発信したいと考えたとき、「広告費用を支払って発信する方法」「自社媒体で発信する方法」という選択肢が主でしたが、SNSの登場により、「ユーザーの手によって拡散される方法」という第三の選択肢が生まれたのです。現在はFacebookやTwitter、Instagramなど、多くのSNSが普及していますが、拡散力が高く、ユーザー自身で拡散しているため、情報の信憑性が高いなどのメリットがあります。しかし、「炎上」といわれるような、企業のマイナスイメージにつながる拡散が起こる可能性もあるなど、その拡散力をコントロールすることができないという大きなデメリットもあります。

アーンドメディアの例。

CGMとは？

CGM（シージーエム）とはConsumer Generated Media（コンシューマー・ジェネレイテッド・メディア）の略で、ユーザー自身が内容を生成するメディアのことを指します。SNS、口コミ、レビューサイト、Q&Aサイトなどがこれに当てはまります。

オウンドメディアとトリプルメディアの関係性

ペイドメディアは成果が出るのが早く、拡散も自社でコントロールが可能です。ときにペイドメディアよりも強力な拡散性を持つアーンドメディアは、その拡散性をコントロールできません。しかし、昨今ではユーザーにとって、企業の思惑が混じらない信憑性の高い情報源とされています。

そのどちらにとっても欠かせない存在が、オウンドメディアです。オウンドメディアで発信した情報をペイドメディアやアーンドメディアを使って拡散していきます。そして、ペイドメディアからオウンドメディアへ新規顧客を誘導し、オウンドメディアで見込顧客との関係を構築していきます。また、アーンドメディアで拡散された情報をたどって、ユーザーがオウンドメディアへ誘導されます。このように、オウンドメディアを成功させえるためには、ペイドメディアとアーンドメディアをうまく活用していく必要があるのです 01 02。

01 オウンドメディアとトリプルメディアの関係性

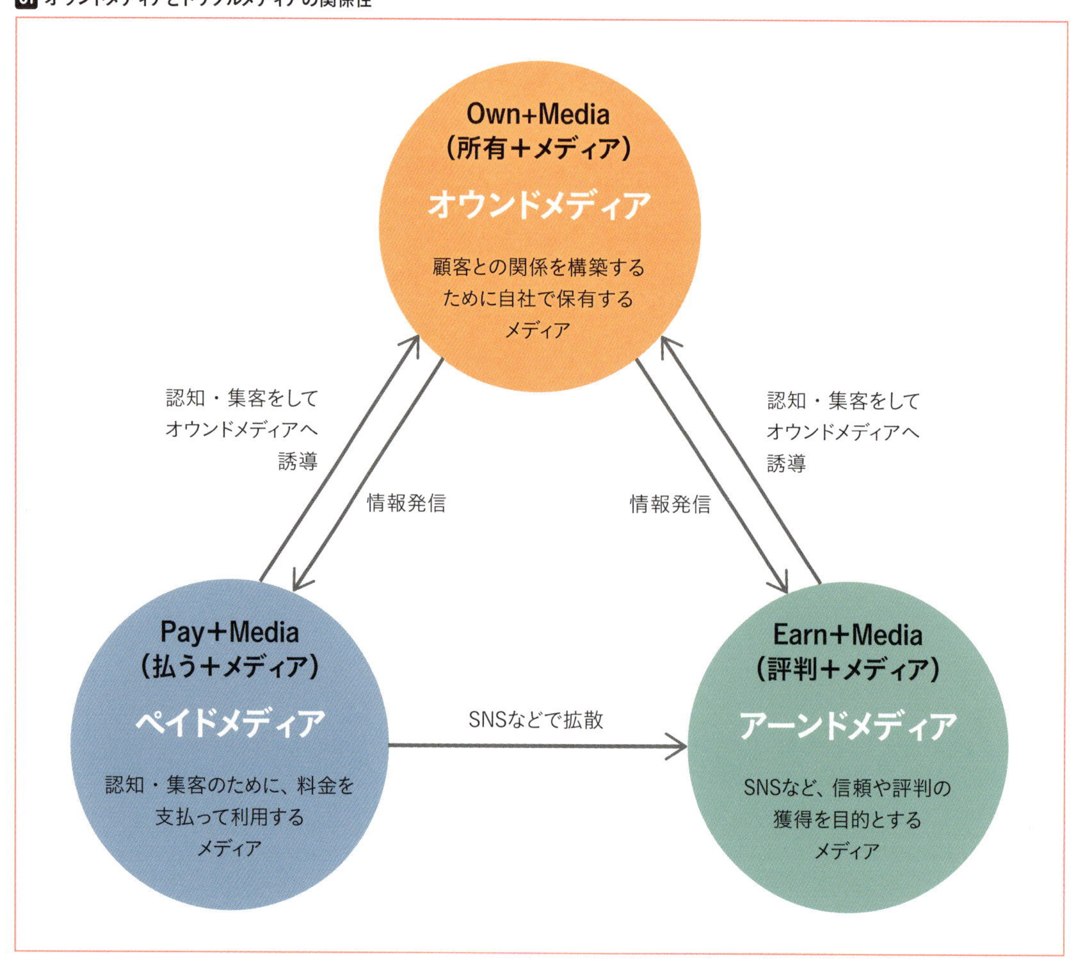

02 トリプルメディアのまとめ

種類	オウンドメディア	ペイドメディア	アーンドメディア
意味	自社で所有しているメディア	費用を払って利用するメディア	ユーザーが情報の起点となるメディア
例	・サービスサイト ・ブログサイト ・自社所有のSNSアカウント	・リスティング広告 ・ディスプレイ広告 ・記事広告	・口コミ ・インターネット掲示板 ・ユーザーのSNSアカウント
役割	・見込顧客との関係構築 ・ブランディング ・アーンドメディアで展開されるコンテンツの発信	・新規顧客の獲得 ・オウンドメディアへの誘導 ・アーンドメディアで展開されるコンテンツの発信	・コンテンツの拡散 ・顧客とのコミュニケーション
メリット	・コントロールが可能 ・自社の資産になる ・費用対効果が良い	・コントロールが可能 ・成果が出るのが早い	・拡散力が強い ・信憑性が高い
デメリット	・自社で運用するノウハウが必要 ・成果が出るまでに時間がかかる	・自社の資産にならない ・費用が高い ・信憑性が低い	・拡散力をコントロールできない ・ネガティブな拡散が行われる可能性がある

02 オウンドメディアとコンテンツマーケティング

基本編

オウンドメディアとセットでよく耳にするコンテンツマーケティング。オウンドメディアとコンテンツマーケティングは一体どういう関係なのでしょうか。ここからは、コンテンツマーケティングについても触れていきます。

コンテンツマーケティングとは

コンテンツマーケティングとは、顧客に価値ある情報を定期的に届けることによって、顧客との信頼関係を築き、購買行動につなげるマーケティング施策です**01**。そう聞くと難しく感じるかもしれませんが、やっていることとしては単純です。自社のサービスに関する情報を一方的に配信するのではなく、ユーザーにとって有益な情報をコンテンツとして配信していくことです。

多くの広告手法がある中で、コンテンツマーケティングがここまでユーザーの心を惹きつけるのは、企業側が伝えたい情報を一方的に発信する通常の広告手法とは異なり、「ユーザーの方から見つけてもらう」マーケティング手法だからです。

01 コンテンツマーケティング

通常の広告手法

企業

顧客

企業が伝えたいこと　一方通行になりがち

コンテンツマーケティング

企業が伝えたいこと

顧客が知りたいこと

コンテンツの種類

コンテンツと一言に言っても、とても幅広いです。コンテンツマーケティングと聞くと、お役立ちコラムなどのブログのようなものをイメージされる方が多いかもしれませんが、動画・セミナー・ホワイトペーパーなどもコンテンツと言えます。

コラム型コンテンツ

コンテンツマーケティングのイメージが最も強いコラム型コンテンツは、Webサイト上に企業ブログとしてテキストをアップしていくコンテンツです。1コラム毎に検索エンジンにインデックスされるため、コンテンツが溜まっていくことによって、複数の流入キーワードで集客ができ、検索エンジンからの評価が得られやすいコンテンツです。コンテンツが蓄積されていくため、ストック型コンテンツとも呼ばれます。

反対に、SNSのように投稿内容がタイムライン上で流れていくコンテンツは、フロー型コンテンツと呼ばれます。ストック型コンテンツを作成し、それをフロー型のSNSなどで広めるという使い分けが一般的です。

動画コンテンツ

名前の通り、動画を使用したコンテンツです。スマートフォンが普及してから、動画コンテンツが非常に広まりましたが、BtoB・BtoCともに70%以上もの企業が動画コンテンツを活用しているとも言われています。Webサイトに掲載したり、広告に掲載したり、メルマガに埋め込んだり、展示会などのイベントで流したり、活用の幅もどんどん広がっています。

事例コンテンツ

BtoB企業であれば「導入事例」や「お客様インタビュー」。BtoC企業であれば「口コミ」や「評価」など、事例をまとめたコンテンツは非常に重要です。ユーザーが検討する際の重要な要素になっているので、サービスを紹介するサイトの場合は必ず作りましょう。

ホワイトペーパー

Webサイト上にある無料e-bookやカタログ、サービス資料などのことをホワイトペーパーと呼びます。ホワイトペーパーを申し込むためにメールアドレスを含む個人情報を入力するフォームを作っておくことで、Webサイトに訪れている匿名顧客の実名化が可能です。

メールマガジン

メールマガジンは、BtoB・BtoC企業どちらでも多く活用されているコンテンツの一つです。問い合わせやホワイトペーパーの申込をもらった顧客リストに対して配信を行うため、メール配信ソフトの使用代金だけなど、比較的低コストで行うことができるマーケティング施策です。

ホワイトペーパーのダウンロードユーザーに対してステップメールを行い、ナーチャリングを行っていくなど、活用の方法はさまざまです。

ステップメールとナーチャリング

ステップメールとは、特定のタイミングになったユーザーに準備していたメールを自動で配信する仕組みのことです。例えば、ホワイトペーパーをダウンロードした翌日に「ホワイトペーパーはご覧になりましたか？」と送り、そのメールを開封した翌日に「ホワイトペーパーに関連する事例もお送りします」という内容のメールを配信するなど、さまざまな活用方法があります。

また、ナーチャリングとは、顧客を育てていくという考え方や、見込度の薄い顧客に対して、メルマガ配信や、特定のWebコンテンツを読ませるなどして、見込度を上げていく施策のことを指します（詳しくはCHAPTER 7を参照）。

オウンドメディアとコンテンツマーケティング

まとめると、オウンドメディアは、コンテンツを入れる「箱」で、コンテンツマーケティングとは、オウンドメディアを取り巻くマーケティング施策全体のことを指します **02**。

02 オウンドメディアとコンテンツマーケティングの全体像

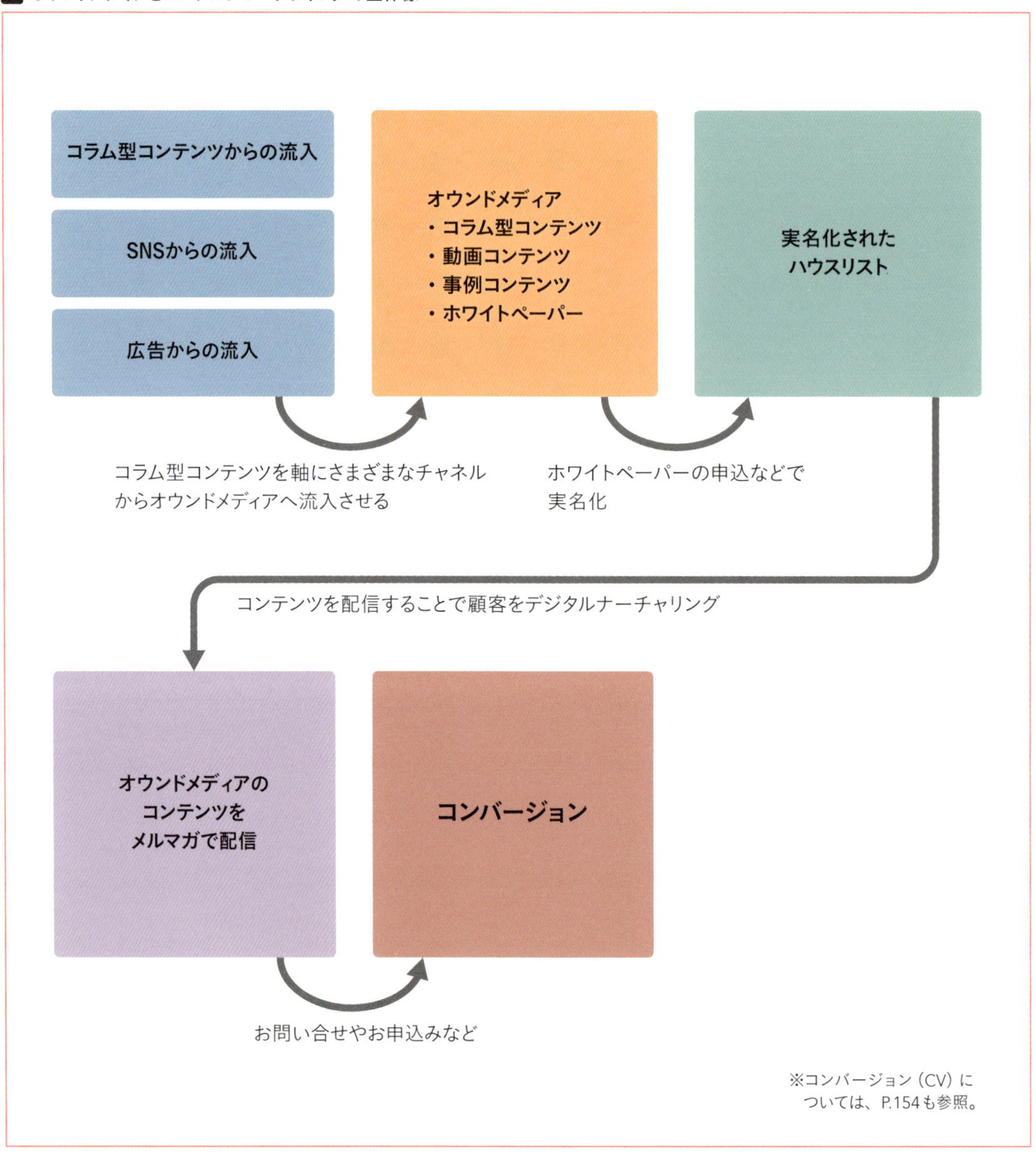

03 オウンドメディアが注目される理由

基本編

では、なぜ今オウンドメディアが注目されているのでしょうか。実は、広告や検索エンジン、SNSなど、さまざまな環境の変化が関連しています。このCHAPTERでは、オウンドメディアが注目を集めるようになった時代背景などについて詳しく説明していきます。

広告費用の高騰

リスティング広告やFacebook広告、ネイティブ広告など、たくさんのWeb広告が存在します。しかし、ユーザーのネットリテラシーは年々あがってきており、それに伴い広告に対しての警戒心も強くなっています。さらに、スマートフォンの広告ブロック機能が普及したこともあり、CPA（次のページ参照）が高騰。従来の広告手法では費用対効果が合わなくなってきているのです。ペイドメディアだけに頼りすぎると、競合の新規参入や市場の変化など、広告がうまくいかなくなったタイミングで痛い目をみることになります。そのため、自社の資産となり、半永久的に集客をし続けてくれるオウンドメディアに注目が集まっているのです。

検索エンジンのトレンド変化

検索エンジンができた当初のSEO施策は、ブラックハットSEOと呼ばれ、現在の施策とは大きく異なるものでした。人工的な外部リンクが隆盛を極め、とにかくリンクを多く貼ったもの勝ちという時代でしたが、この10年の間で検索エンジンも大きく進化してきました。検索エンジンが外部リンクの取り締まりを強化し、良質なコンテンツをより多く網羅的に掲載するWebサイトを評価するようになったのです。このように検索エンジンのトレンドが変わったことで、多くのWebマーケターは、コンテンツマーケティングに取り組まざるをえなくなり、多くのオウンドメディアが公開されていったのです。

ブラックハットSEO

ブラックハットSEOとは、SEO業者から被リンクを購入する、リンクファームと呼ばれるリンク集から被リンクを得る、人間には見えないように大量に注力キーワードを仕込むなど、検索エンジンのアルゴリズムの穴を突いて不正に検索順位を操作しようとする施策を指します。検索エンジンは広告収入で収益を得ています。そのため、多くのユーザーに利用されないと収益が上がりません。そのため、ユーザーにとって有益な情報を発信するWebサイトを適切に上位表示できるように、アルゴリズムが変化していったのです。

CPA

CPA(シーピーエー)とはCost Per Acquisition(コスト・パー・アクイジション)の略で、ユーザーひとりあたりの獲得単価を表す指標です。例えば、10000円の広告費をかけて10人のCVを獲得した場合、CPAは1000円となります。

検索エンジンのアルゴリズム

検索エンジンのアルゴリズムとは、検索エンジンにおける検索結果の順位を決定付けるためのプログラムのことです。

SNSなどの普及

近年では、TwitterやFacebook、Instagramなど、日本でも多くのSNSが普及しました。日本におけるSNS利用者数を調査したデータでは、2012年には52%だったSNS利用率が、2018年には74.7%まで増加しています。このようにSNSが普及したことで、ユーザーがユーザー自身の手でコンテンツを拡散するようになったのです。

また、「スマートニュース」や「グノシー」のように、さまざまなメディアのコンテンツをまとめて公開する「キュレーションメディア」というものも台頭しました。キュレーションメディアに取り上げられることによる拡散性は非常に大きく、たくさんのシェアを獲得することができます。このように、オウンドメディアで良質なコンテンツを作ることにより、より多くの宣伝効果を得られるようになったことも、オウンドメディアが注目されるようになったひとつの要因です。

参考：SNS利用動向に関する調査結果

http://ictr.co.jp/report/20160816.html

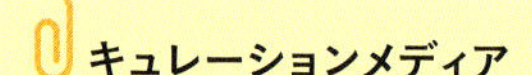

キュレーションメディア

キュレーションメディアとは、インターネット上に公開されている情報を特定の切り口で収集し、あらためてまとめなおして公開するメディアのことです。恋愛に関する情報だけを集めたキュレーションメディアや、グルメ情報だけを集めたキュレーションメディアなど、さまざまなタイプがあります。

04

基本編

オウンドメディアのメリット／デメリット

このように、インターネットを取り巻く環境の変化から、オウンドメディアは多くの注目を集めることになりました。オウンドメディアは、成功すれば広告コストが一切かからず継続してサイトへ集客することができる、魔法のようなマーケティング手法です。しかし、もちろんメリットだけではなく、デメリットもあります。きちんと理解した上で、オウンドメディアをはじめましょう。

オウンドメディアのメリット

●広告費用をおさえられる

リスティング広告であれば、クリックに費用がかかります。インプレッション課金のDSP広告では、広告が表示される毎に費用がかかります。しかし、オウンドメディアに公開されているコンテンツが自然検索で上位表示されれば、当たり前ですが、何度ユーザーが訪れても費用がかかることはありません。コンテンツの制作費用はかかりますが、広告とは異なりクリックにお金がかからないため、ユーザーに読まれれば読まれるほど、費用対効果が良くなっていくということです。

●自社の資産になる

コンテンツは一度作ってしまえば、自社の資産となります。集客に使用するも良し、メルマガでナーチャリングに使うも良し、ホワイトペーパーにするも良し。広告のように費用をかけている間しか効果が現れないということもないのです。

●ブランディング効果がある

オウンドメディアに専門性の高い記事を公開していくことで、読者の安心感を生むことができます。また、自社の考え方やポリシーをきちんと発信していくことで、企業のブランドイメージが確立されていきますので、オウンドメディアには圧倒的なブランディング効果があります。

●潜在的な顧客から集められる

通常、サービスだけを訴求したサイトであれば、サービス名などの直接的なキーワードでしか集客ができません。しかし、幅広い情報を取り扱うオウンドメディアを持つことで、すぐにサービスを検討するわけではない潜在的な層に対してもアプローチが可能です。

●顧客をナーチャリングできる

さまざまなロングテールキーワードで幅広く集めてきた潜在層に向けて、メルマガなどを活用して段階的にコンテンツ配信を行っていくことで、ユーザーの検討度合いを進め、デジタルナーチャリングを行っていくことが可能です。

デジタルナーチャリング

デジタルナーチャリングとは、見込み顧客をデジタル（Webコンテンツなど）で育成する（ナーチャリング）というマーケティング手法です。すぐに購買につながる顧客は数が少ないため、潜在的なニーズを持っている段階からコンタクトをとっておくことで、顧客を育成し、購買までつなげることができます。

オウンドメディアのデメリット

効果が出るまでに時間がかかる

リスティング広告などのWeb広告は、設定をして審査が通った瞬間からすぐにコンテンツがユーザーの目に触れます。しかし、自然検索やSNSでの露出が集客経路となるオウンドメディアは、コンテンツがユーザーの目に触れるようになるまでに時間がかかります。また、オウンドメディアが一定の流入を得るためにはそれなりのコンテンツ本数が必要となるため、はじめのうちはコンテンツを量産することが必須です。このように、オウンドメディアは成果が出るまでに時間がかかるため、運用が安定機動に乗るまでは根気が必要です。

運用に人的リソースが必要

オウンドメディアを一から作るとなると、Webサイトの企画・制作、コンテンツの企画、ライティング、リライト、画像の作成、コンテンツ公開後の効果測定や修正など、多くの手間暇がかかります。すべてを自社で内製するわけではないにしろ、オウンドメディアの運営には、専任担当を置くなど人的リソースが必要になります。

成功するためにはノウハウが必要

多くの企業がオウンドメディアを運営しています。しかし、すべての企業が満足のいく成果を出せているわけではありません。オウンドメディアを成功させるためには、Webサイトの設計からコンテンツ企画、効果測定に至るまで、Webマーケティングのノウハウが必要不可欠です。しかし、必ずしもWebマーケティングに関する知識・ノウハウを持っている人が運営担当になるわけではないため、トライアルアンドエラーを繰り返し、ノウハウをためていくことが非常に重要になってきます。

オウンドメディアを通じたデジタルナーチャリングの重要性

はじめから購買意欲の高い顧客は数が限られています。例えば､「保湿化粧水が欲しい」と思っている顧客は、該当する商品のコンテンツを見せれば、商品を買ってくれるかもしれません。しかし、このような購買意欲の高い顧客だけにアプローチしていては、いつか限界が来るでしょう。より多くの顧客に対してアプローチするためには、商品にニーズがあるが、それがまだ顕在化していない潜在層に対してもコンタクトを取る必要があります。

例えば、シワが増えたことに悩みを持つAさんがいたとします。化粧品会社は、シワの予防に効果がある保湿化粧水を売りたい。しかし、Aさんは商品のことを認知していません。また、商品コンテンツを見たとしても商品の価値をいまいち理解しきれていないません。こういった場合、もう少し時間をかけて保湿化粧水について知ってもらう必要があります。

このように、コンテンツを通じて徐々に顧客を育成していけば、数の限られた購買意欲の高い顧客だけではなく、潜在的なニーズを持った見込み顧客に対してもアプローチをすることが可能です。購買層を広げるためには、オウンドメディアを通じたデジタルナーチャリングが必要不可欠なのです。

CHAPTER

2

失敗するオウンドメディア

無料CMSの提供により導入のハードルが低いことと、企業が発信するオウンドメディアに対するユーザーの好意的な印象により、効果的となったオウンドメディアマーケティング。しかし簡単に導入できるがゆえに、失敗している事例も多くあります。多くの場合は似たような状況に陥っていますので、失敗のポイントを理解し、同じ轍を踏まないようにしましょう。

失敗したオウンドメディアは世の中にあふれている

基本編

筆者の勤務するディーエムソリューションズがリサーチ会社を利用して300人のWeb担当者へアンケートを行った、「コンテンツマーケティングは重要か?」との問いに対し、83.7%の方が「重要である」と回答しました。最も取り組んだWebマーケティング施策でも1位となった話題のコンテンツを利用するマーケティング。しかし、すべての人が成功しているでしょうか?

問い合わせ率の向上の実感

これまで筆者の勤務するディーエムソリューションズではリサーチ会社を通じて、Web担当者へのアンケートを度々行っています。その中で『コンテンツを利用したマーケティングの実施で効果を感じたポイントは?』の問いには、40.5%のWeb担当者がお問い合わせ率の向上を実感したと回答しており、その他にもさまざまな効果を感じています01。

01 Web担当者へのアンケート

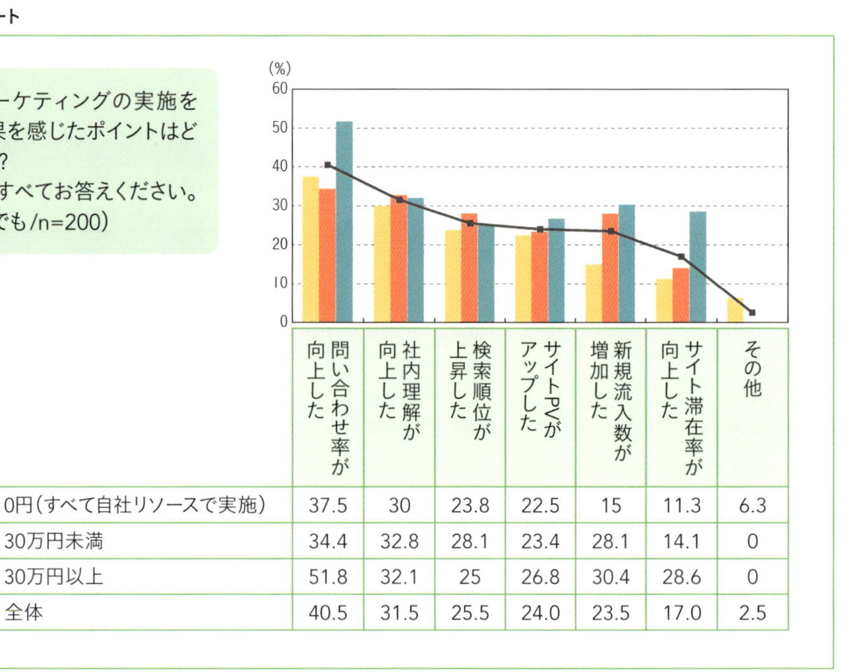
Q.コンテンツマーケティングの実施を振り返って、効果を感じたポイントはどんなところですか?
あてはまるものをすべてお答えください。
(お答えはいくつでも/n=200)
(%)
60
50
40
30
20
10
0

	問い合わせ率が向上した	社内理解が向上した	検索順位が上昇した	サイトPVがアップした	新規流入数が増加した	サイト滞在率が向上した	その他
0円(すべて自社リソースで実施)	37.5	30	23.8	22.5	15	11.3	6.3
30万円未満	34.4	32.8	28.1	23.4	28.1	14.1	0
30万円以上	51.8	32.1	25	26.8	30.4	28.6	0
全体	40.5	31.5	25.5	24.0	23.5	17.0	2.5

成果が出ていないと感じる企業も半数

では、成果が出ていないと感じる企業はどれくらいいるのでしょうか？　こちらについてもアンケート調査を行ったところ、コンテンツマーケティング実施担当者の54.5%は成果が出ていないと回答しました02。先のアンケートで実際にオウンドメディアを含むコンテンツを利用したマーケティング手法では「問い合わせ率が向上した」や「検索順位が上昇した」、「新規流入数が増加した」などさまざまなメリットがあることが分かりました。しかし、メリットばかりに目が行き、きちんと成功するノウハウを身に着けずに実施してしまうと半数も失敗する可能性があります。

02 Web担当者へのアンケート

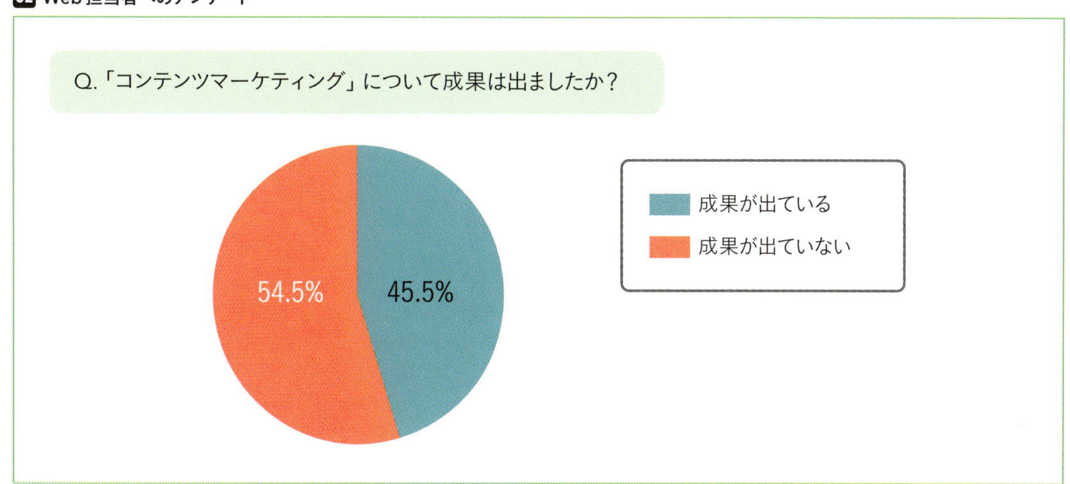

成果を感じる集客チャネルは自然検索流入

ほとんどの企業では、オウンドメディアには広告を打っていません。成功しているオウンドメディアを調査してみると、自然検索による流入が80%を超えています。オウンドメディアの魅力はここにあります。これから顧客となる多くの"見込み客"を有料広告に頼らず集客できる点は、非常にメリットがあります。

また、自然検索による集客チャネルの確立は長期間維持されるため、一度成果が上がると長く恩恵を受けられます。一方、自然検索で集客できないオウンドメディアは成果を感じることができません。

有料広告とSEO

リスティング広告に代表される有料広告ですが、費用を止めると露出もストップされてしまいます。一方、コンテンツの有用性を評価され自然的に上位表示されたSEOは、その有用性が他のサイトに負けない限りは上位表示し続けます。また、広告枠と比較し信頼度も高くクリック率が高いことも魅力です。

オウンドメディアの集客成功に必要な要素

03 はヤフー株式会社が1,030社の企業へコンテンツマーケティングの運用時に感じた課題を確認したアンケートですが、多くの企業が成功させるために必要な企画力が不足していると感じています。実際に筆者へもオウンドメディアに関する相談を数多くいただきますが、集客に成功する企画やコンテンツ制作ノウハウの不足を感じて依頼をいただきます。よって、これからオウンドメディアを始めて、成功をさせるためには集客を成功させるノウハウを身につける必要があるのです。

03 企業へのアンケート

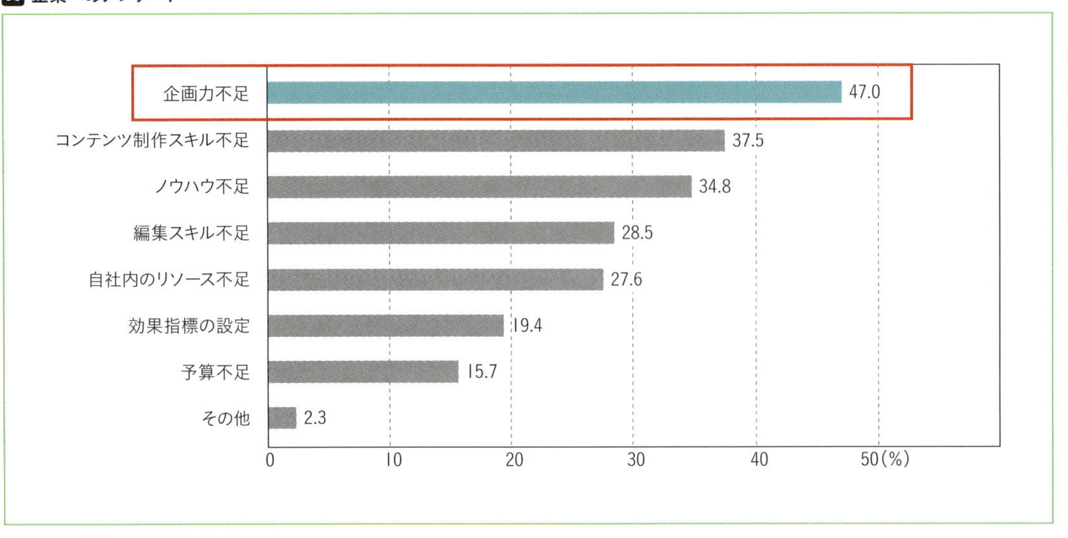

参考：
調査企画・設計：ヤフー株式会社自主調査
調査目的：企業におけるコンテンツマーケティング実施の状況を把握するため
調査方法：マクロミルモニタを利用したインターネット調査
調査機関：株式会社マクロミル
調査対象地域：全国
有効回答数：1,030サンプル（コンテンツマーケティング実施者：605サンプル/非実施者：425サンプル）
※総務省・経済産業省実施の経済センサスのデータ（資本金）に官公庁・団体数を考慮してウェイトバック集計
※単一回答の設問では、各回答割合の値を四捨五入している関係で、集計データの合計が100.0%にならない場合がある
調査実施時期：2015年12月24日（木）～2015年12月25日（金）

自社の潜在顧客の囲い込みができる点が魅力のオウンドメディアマーケティングですが、まだまだ社内理解が低い点が課題として挙げられています。結果として、担当者は兼務で対応しており、コンテンツのライティングノウハウ不足を感じているようです。また、自社のサービス開発者や営業部門にコンテンツ提供をしてもらう事でコンテンツをリッチにすることも可能ですが、社内理解がないため協力をもらえないこともWeb担当者の悩みとなっています。

基本編

02 失敗するオウンドメディアの事例6つ

オウンドメディアは導入のハードルが低く、個人でもメディアを成功させている事例から様々な企業が取り組みました。実際に成果を感じる企業も多い一方で、成果を感じない企業も存在しています。ここではよくある失敗している6つのケースを紹介します。

失敗事例01：目的やゴールを設定せず、勢いでスタートした

オウンドメディアに限らずWebサイト全般の失敗でもありますが、あまり深く考えずに勢いでサイトを制作してしまったがために失敗するケースがあります。しかも、これは大企業においてもよく起こりうる事例です。日常においても「まずはやってみよう！」「行動しなければ分からない！」といったことはよくあります。ただしそれは目的を明確にしてこそ。行き先も決まっていない旅行では何を準備すべきか分からないのと同様で「何のためのメディアなのか？」、「ユーザーにはどのような価値を届けるのか？」を明確にする必要があります。

ただし、こういったケースはどういう状況で生まれるのでしょうか？よくある状況としては企画者と実行者が別になっており、また、コミュニケーションを取らずに進めているケースが上げられます。決裁権限のある方がメリットだけに目が眩み、実際にWebサイトを作る工程やリソースを深く考えずにオウンドメディアを立ち上

01 あるグルメポータルサイトが制作したオウンドメディアのトラフィック

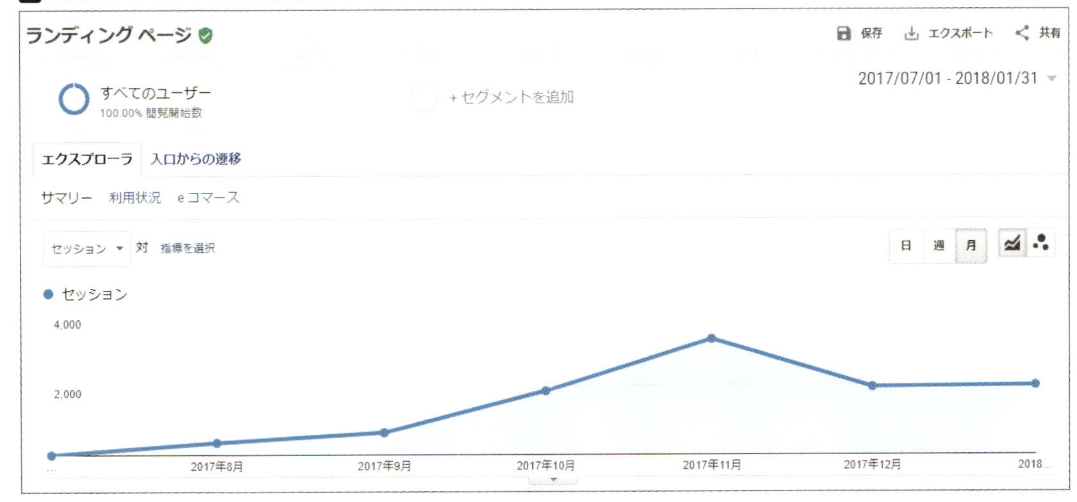

げたいと考え、「期限内にプロジェクトを進めなさい」と丸振りをしてしまうなんてことはよくある話です。

オウンドメディアはインターネットというプラットフォームにより個人でも立ち上げられるくらい容易になりましたが、メディア運用とは雑誌を作るようなものです。まずは何のために必要なのか？　ということを明確に進めた上で、そのために必要なリソースまで意識しプロジェクトを進めましょう。

01 はあるグルメポータルサイトが制作したオウンドメディアです。立ち上げ時は良かったのですが、Web担当者は本サイトの運用で手一杯となり、このオウンドメディアは運用者不在で立ち上げっぱなしとなりました。結果、トラフィックは徐々に減少しているという状況です。こういうことは今でも起こっている“よくある状況”の一つです。オウンドメディアマーケティングはコンテンツを継続的に発信することでユーザーを獲得するマーケティング手法を利用したものです。最初にコンテンツを作ったらおしまいというものではありません。運用するリソースを確保し行いましょう。

失敗事例02：ターゲットを定めていなかった

こちらもよく相談をいただくケースです。運用してみたものの、全然流入が獲得できませんといった形で相談されるのですが、改めてメディアのターゲットユーザーを確認してみると非常に雑なターゲット設計をしている場合があります。

これは筆者の勤務するディーエムソリューションズに実際に相談されたケースです。とある化粧品販売会社より半年間ほどコンテンツ制作会社に依頼し記事を制作しているにも関わらず、集客が伸びないといった内容でした。我々は改善策を立案するに当たり、まずはターゲットユーザーをヒアリングしました。すると「ターゲットは10代～20代の女性である」しか返って来ませんでした。02 は実際に記載をいただいたペルソナ像です。これを受けて、記事制作会社も大雑把なターゲット向けの記事で『美容』や『ダイエット』についてというコンテンツを制作していました。

こちらの企業において、我々はターゲットをもっと掘り下げ、どういったことに悩んでいるのかをヒアリングし、記事をリライトすることで流入の増加に成功しました。具体的な作業としては、『美容』といっても『スキンケア』・

02 ペルソナ像

ターゲット概要	美容やダイエットに興味がある
ターゲット年齢	10代～20代
性別	女性
職業	中学生、高校生、大学生、主婦、社会人
世帯年収	さまざま
学歴	高校卒業、短大・専門学校卒業・大学卒業
家族構成	さまざま
よく使うデバイス	スマートフォン
よく見るTV・雑誌・サイト	女性ファッション誌
注力したいキーワード	「美容」「ダイエット」

『化粧』などさまざまな悩みがあるため、ペルソナを作り込み、ターゲットユーザーの悩み別に記事をリライトしていきました。

結果、1年で17倍以上の流入を獲得できましたが03、このようにターゲットユーザーを明確にしていないと制作するコンテンツもあやふやなテーマとなってしまいます。ターゲットユーザーを明確にすると迷ったときの判断基準にもなり、効率も非常によくなります。成功するメディアには必要不可欠な項目ですので必ず設計しておきましょう。

03 既存コンテンツの流入数

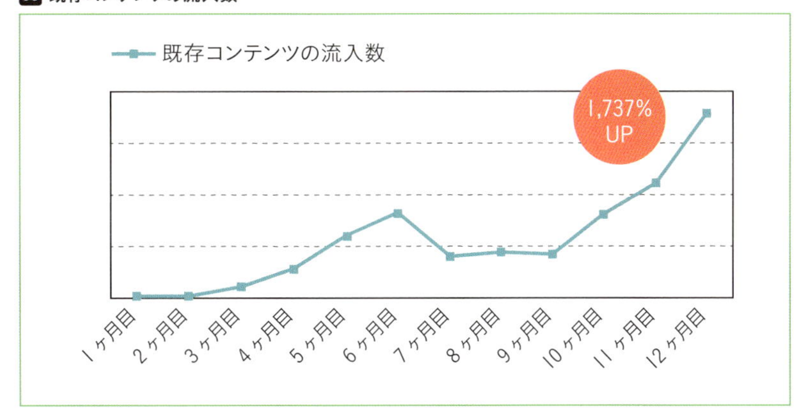

失敗事例03：検討フェーズに合わせたコンテンツ設計ができていなかった

マーケティング理論では、消費者がどのような行動をするのかという消費者行動プロセスがしばしば議論に上がりますが、オウンドメディアを運用する際には、自分たちのターゲットがどのような遷移をするのかといったカスタマージャーニーを設計することが有用です。近頃はAISCEAS 04という購買行動プロセスが用いられることが多いですが、購買行動（アクション）の手前は比較・検討です。よって、できれば購買を促すには比較検討段階が望ましいです。一方で、情報収集（Search）段階で積極的な購買を促してもユーザーの心には響かず、逆効果になることもあります。オウンドメディアでは啓蒙活動として注意（Attention）や関心（Interest）段階のユーザーの取り込みも可能です。どのような状況のユーザーを取り組み、その段階では何を欲しているかを考えずに運用してしまうと、ただただアクセス数の増加のみに終わってしまい、アクションをしてもらえないこともあります。

04 AISCEAS

A：Attention（注意）
I：Interest（関心）
S：Search（検索）
C：Comparison（比較）
E：Examination（検討）
A：Action（行動）
S：Share（共有）

05はある学習塾がオウンドメディアを作った際のアクセスデータです。トラフィックは順調に伸びました。サービスサイトとは別に運営しているオウンドメディアとしては申し分ない流入を獲得していると言えます。受験シーズンには毎年訪問数が伸びており、毎年多くの受験生の役に立つメディアです。

では、このオウンドメディアの訪問ユーザーが直接的に会員登録や商品購入を行った数はどれくらいだったでしょうか？ 06も実際のアクセスデータによる成果数です。データの通り、同期間の成約数は0件でした。

05 ある学習塾のアクセスデータ

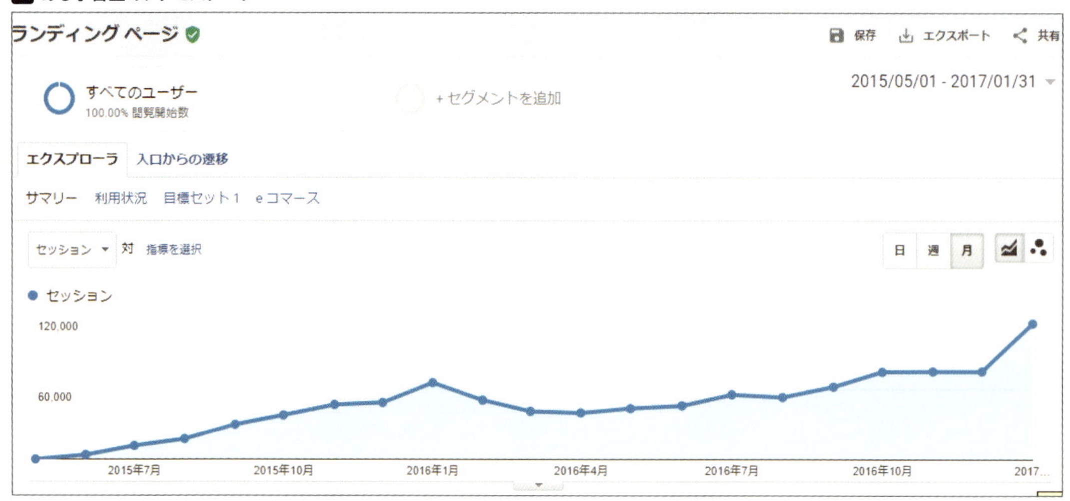

06 実際のアクセスデータによる成果数

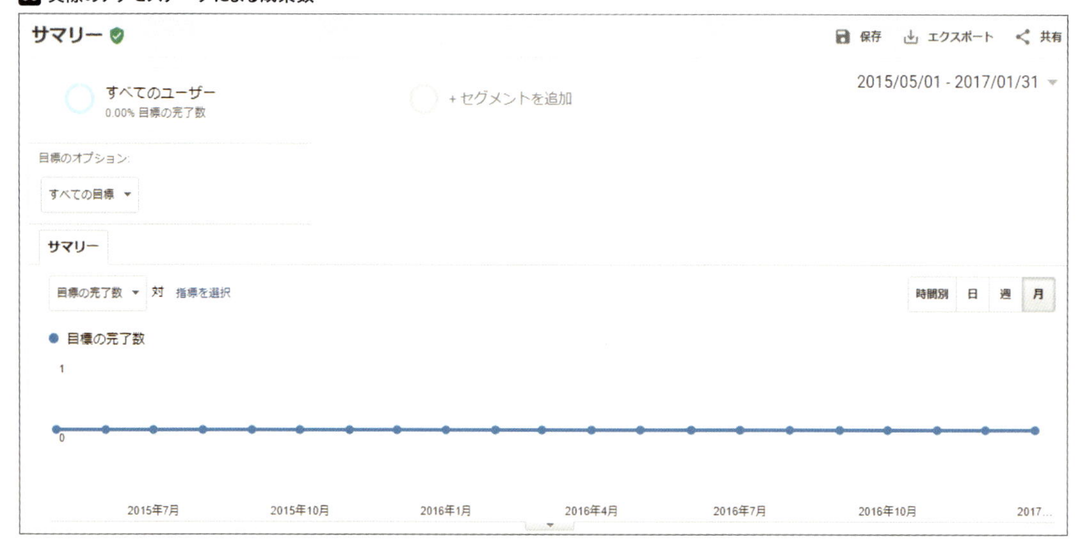

オウンドメディアは会員登録や商品購入が全てではありません。ブランディングもメリットの一つかと思いますが、せっかく月間12万人のユーザーが利用してくれているサイトとなったからには、成約に繋がるアクションは欲しいものです。

ペルソナ設計、ユーザーの購買行動、カスタマージャーニーを考え、適切なアクションボタンを設置し上手く活用することが重要です。

失敗事例04：広告色の強いコンテンツばかり作っていた

オウンドメディアを運営する以上は目的があります。最終的にそれは購買行動の促進やお問い合わせの獲得が目的だったりすると思います。ただし、オウンドメディアに訪れるユーザーの多くは購買行動直前のユーザーばかりとは限りません。まだまだ情報を整理している段階のユーザーも多くいらっしゃいます。そのような心理状況で、すぐに物を売りつけてくるサイトにどのような印象を持つでしょうか？　現実世界ならすぐに売り込みを始める営業マンに対しては不信感を感じると思います。オウンドメディアも同様で、どれだけよいことを書いていても売り込みばかりの記事では信用されません。行動を促す導線は必要ですが、いきなり購買行動に直結する広告を促すのではなく、「成功事例集」のようにユーザーにとってメリットのあるホワイトペーパーや、有益なダウンロードコンテンツなどを利用するなど、さまざまなサイト回遊手法があります。信頼度を損なうことのないユーザーのフェーズに合わせたアクションを設計しましょう。

失敗事例05：検索ニーズのないtitleだった

ターゲットとするユーザーも明確にしており、コンテンツの内容も専門家や有識者が制作しているにも関わらず、まったく集客ができていないオウンドメディアをよく目にします。前述している通り、オウンドメディアはいかに自然検索で集客ができるかによるのでSEOが不可欠です。つまり、SEOが意識されていないオウンドメディアはほぼ失敗します。そのSEOの対策の中でも最重要項目なのが「titleタグ」です。titleタグに上位表示して欲しいキーワードが盛り込まれていないと、検索エンジンに発見されることはありません。つまり、ターゲットユーザーが検索窓に入力する文字（クエリ）をtitleに盛り込む必要があります。

例えば、「オウンドメディアのノウハウ」を紹介するコンテンツを制作しようとします。これをキャッチーなタイトルにしようと考えて「有名企業がすでに取り組んでいる秘訣とは?」というtitleを設定したとします。検索エンジンは「有名企業 秘訣」といったキーワードで、そのページを認識します。当然のことながらこのようなあやふやなキーワードを検索する人は少ないです。

検索ニーズのあるキーワードでチューニングする場合は「失敗事例と成功事例にみるオウンドメディアで成功するノウハウ」とするとよいでしょう。この場合なら「オウンドメディア ノウハウ」、「オウンドメディア 成功ノウハウ」、「オウンドメディア 成功事例」、「オウンドメディア 失敗事例」といった複数の検索ニーズのあるキーワードによる集客が可能になります。オウンドメディアでは良いコンテンツであることはもちろんですが、検索ニーズを意識したコンテンツ作りが必要不可欠です。

07は実際に、ある化粧品通販会社で制作されていたコンテンツマップです。とても曖昧なキーワードを設定し、これらを組み合わせてtitleを設定していました。

07 ある化粧品通販会社で制作されていたコンテンツマップ

No	タイトル	キーワード1	想定月間検索回数	キーワード2	想定月間検索回数	キーワード3	想定月間検索回数
1	タイトルA	花粉	74,000	春	33,100	エイジングケア化粧品	1,000
2	タイトルB	春	33,100	ニキビ	74,000	エイジングケア	5,400
3	タイトルC	しわ	12,100	老化	3,600	エイジングケア	5,400
4	タイトルD	肌	9,900	ターンオーバー	9,900	エイジングケア化粧品	1,000
5	タイトルE	夏	40,500	紫外線	18,100	エイジングケア	5,400

このようなtitleでは組み合わせてもニーズのある検索キーワードとならないため、**08**のように修正をしました。

また、追加のコンテンツも用意したところ、1年後に39倍以上の流入を獲得することができました。

SEOを意識したキーワードによる設計は非常に重要です。きちんと設計し、ニーズのある“その内容”をきちんと説明するコンテンツを制作しましょう。

08 修正したコンテンツマップ

No	タイトル	キーワード1	想定月間検索回数	キーワード2	想定月間検索回数	キーワード3	想定月間検索回数
1	タイトルA	花粉 肌荒れ	4,400	花粉 肌	110	花粉 肌荒れ 原因	10
2	タイトルB	ニキビ 対策	1,300	ニキビ 対処法	480	ニキビ 気になる	70
3	タイトルC	目元 しわ	2,900	目元 しわ 対策	110	目元 しわ 原因	90
4	タイトルD	肌 ターンオーバー	1,900	ターンオーバー 周期	320	肌 ターンオーバー 促進	170
5	タイトルE	日焼け 赤くなる	1,300	日焼け メラニン	70	紫外線 赤くなる	10

失敗事例06：自然検索で露出しづらい構造だった

オウンドメディアの成功にSEOは不可欠です。先程はtitleタグについて紹介しましたが、title設計だけがSEOではありません。Webサイトの構造そのものが検索エンジンには見つけられ辛い設計だったということもよくあります。

例えば、titleの重要性を紹介しましたが、Webサイトの仕様でtitleタグを変更できないサイトというのもよくあります。似たような所では、検索エンジンにWebページの内容を訴求する「見出しタグ」というのも重要なのですが、有名なCMSですらデフォルトでは変更できない仕様ということもよくあります。

コンテンツ内容の場合は後から修正するというのは比較的容易に行えるでしょう。しかし、Webサイトそのものでしたらどうでしょうか？　Webサイトの修正にはある程度の知識が必要です。世の中には無料で簡単にオウンドメディアが始められるCMSが提供されており、始めるだけならハードルは低いのですが、CMSそのものにSEOの致命的な欠陥があった場合は簡単に修正ができません。後から修正が難しいのがWebサイトそのものなので、導入時にはきちんと選定をしましょう。

以下はある決済代行会社の事例です。このお客様は業界の中ではトップクラスのシェアを獲得する大手決済代行会社様でした。既にコンテンツマーケティングを積極的に行っていましたが、2年ほどトラフィックが伸び悩んでいるという相談をいただきました。実際にサイトを拝見すると正しいSEOが実装されていませんでした。

09は当社でサイトのSEO修正を行った後のアクセス数ですが、業界大手で既にある程度の流入を獲得していたにも関わらず、1年で500%以上の訪問数を獲得することができました。

せっかく良いコンテンツを作っていても、検索に引っかからないとユーザーに見てもらえる機会が減ってしまいます。オウンドメディアマーケティングを行うには「コンテンツの内容」はもちろんですが、SEOと合わせることで初めて効果を最大化させることができます。

09 SEO修正を行った後のアクセス数

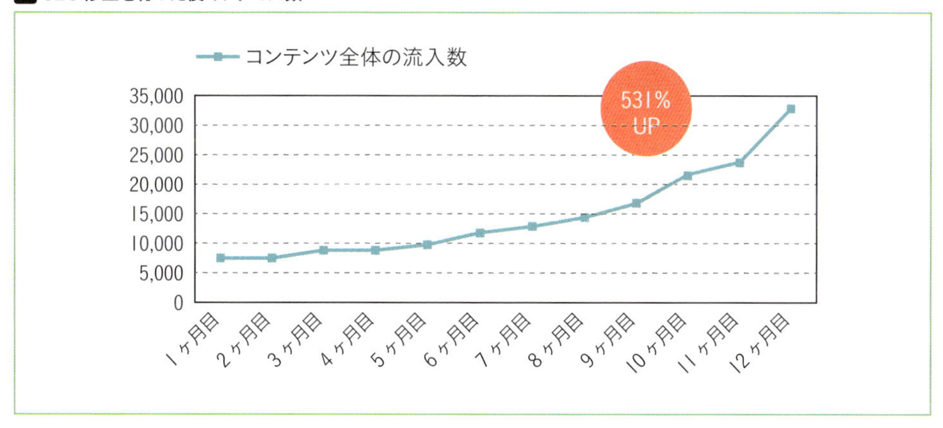

SEOに失敗しているオウンドメディアに抜けがちな要素には次のようなものがあります。

1. ページ分割の設定漏れ

オウンドメディアのコンテンツが増えると、読みやすくするためにページ分割を行うことがよくあると思います **10**。

その際に、2ページ目、3ページ目以降が同じtitleタグになっている場合や、2ページ目、3ページ目という文言が追加されただけの場合があります。titleタグはそのままでも良いのですが、この問題を回避するためGoogleはページネーションタグという要素をサポートしているので、合わせて設置しましょう。

10 記事を分割してページに分けている例

157件中 1～20件を表示　1　2　3　…　8　次へ »

●3ページまで分割されている場合の記述例

以下のようにページが分割されていたとします。

```
https://www.example.com/article/page=1
https://www.example.com/article/page=2
https://www.example.com/article/page=3
```

1ページ目には次のコードをheadセクションに記述します。

```
<link rel="next" href="https://www.example.com/
article/page=2" />
```

2ページ目には次のコードをheadセクションに記述します。

```
<link rel="prev" href="https://www.example.com/
article/page=1" />
<link rel="next" href="https://www.example.com/
article/page=3" />
```

3ページ目には次のコードをheadセクションに記述します。

```
<link rel="prev" href="http://www.example.com/
article/page=2" />
```

上記のようにrel="next"には次のページを、rel="prev"には前のページを指定します。

そして、一番最初のページには次のページだけを指定し、最終ページは前のページだけを指定します。

2. 重要なページにも関わらず特定のページからでないとアクセスできない

たくさんの人に見て欲しい優良なページであれば、さまざまなページからアクセスできるように配置しましょう。アクセスし辛い場所に設置されたコンテンツは評価をされなくても仕方ありません。

3. 強調タグの使い方

HTMLには強調するために利用するstrongタグという要素があります。本来はSEO効果を期待し検索して欲しいキーフーレーズに利用すべきなのですが、「!!」を強調したり、「●●円!」といったユーザーが調べるはずもないキーワードを乱用をしている場合がありますので、気をつけましょう。

CHAPTER 3

事前の準備

オウンドメディアの運用には、事前の準備が非常に重要です。準備をおろそかにしたまま運用をスタートしてしまうと、後から取り返しのつかない事態になりかねません。制作に取り掛かる前に、オウンドメディアの目標設定や、コンテンツ作成時の運用ルールの設定など、事前にしっかりと準備をしておきましょう。

01 目的を明確にし、ゴールを定める

準備編

ゴール、つまり目標の設定が成功のカギを握っています。「オウンドメディアを通して何を獲得したいか」によって、行うべき施策は異なるためです。ゴールの設定をしっかり行わずに見切り発車してしまうと、サイトの方向性が定まらず、充分な成果を出せない可能性があるため、あらかじめ目的を明確にし、しっかりとゴールを定めてから作業に取り掛かるようにしましょう。

目標にすべき数値について

●オウンドメディアの訪問数

オウンドメディアを運用する上で、目標にしたい数値はさまざまだと思います。しかし、兎にも角にもオウンドメディアを見てもらえなければ、その先の目標も設定できません。オープンしたての頃は、まずはオウンドメディアの訪問数の数値を目標として立てましょう。Google Analyticsなどの解析ツールを使用すると、検索エンジンから検索して流入してくる「オーガニックトラフィック（自然検索からの流入）」、「SNSからの流入」「広告からの流入」「ブックマークからの流入」など、流入経路も測定することができますので、目標との乖離を日々計測していきましょう。特にオーガニックトラフィックは、具体的な数値目標を持つと、それに向けたコンテンツの運用改善がしやすいです。

●サービスサイトやECサイトへの送客数

サービスサイトやECサイトを別で持っている企業の場合、別サイトへの送客数を目標にするのも良いでしょう。右カラムやポップアップなど、目立つ位置に誘導バナーも設置し、各コンテンツのCTAにもきちんと導線を設置しましょう。どのコンテンツを閲覧したユーザーが別サイトへ遷移しているのかを知ることができれば、別サイトの改善の手がかりにもなります。

●ホワイトペーパーやメールマガジンの申込数

どのような目的のオウンドメディアであっても、匿名顧客を実名化するための仕掛けを1つは作っておくと良いでしょう。よくある手法としては、サイト内にホワイトペーパーの申込フォームやメールマガジン登録フォームなどを用意するというものです。ホワイトペーパーやメールマガジンといった、有益な情報を欲しているユーザーの顧客情報が入手できるので、その後の施策にもつなげやすいです。

●コンテンツの読了率や回遊率

あくまでユーザーにオウンドメディアを見てもらいたいという目的の場合、コンテンツがどこまで読まれているのかという指標である「読了率」や、流入したコンテンツを読んだ後、別のコンテンツに遷移しているのかを示す「回遊率」などを評価指標にしてみるのも良いでしょう。

CTA

CTAとは、Call To Action（コール・トゥ・アクション）の略で、Webサイトの訪問者に対して取って欲しい行動を指します。ページの最下部によくある「資料請求はこちら」というリンクなどがこれにあたります。

競合サイトの訪問数から、自社の目標数値を考える

目標設定が大切だといっても、初めてオウンドメディアを作成する場合、月にどのくらいの訪問数を獲得すれば成功なのかわかりませんよね。そこで、競合が運営しているオウンドメディアから、ある程度の平均値を調査してみましょう。

競合分析ツール「シミラーウェブ」を使用すると、競合サイトのおおよその流入などを知ることができます01。

例えば、ベンチマークしているサイトをシミラーウェブで調べ、コンテンツ数が200本、月間100,000セッションあったとします。100,000セッション÷200本=1コンテンツあたり500セッションという風に、1コンテンツあたりに期待できるセッション数をある程度知ることができます。

いくつかの競合サイトをピックアップして、自社の業界のコンテンツ平均値を調査してみましょう。

01 競合分析ツール「シミラーウェブ」

https://www.similarweb.com/ja

02 ペルソナを設定して顧客を理解する

準備編

そもそも、オウンドメディアを見てもらいたいユーザーはどういった人なのでしょうか。どのようなサイトにするのか方向性を考えるためにも、まずはユーザー像（ペルソナ）を明確にしましょう。

なぜペルソナが必要なのか

例えば、誕生日プレゼントを選ぶとき。お父さんにあげるものと、彼女にあげるものはまったく違うものになりませんか？　それは、「お父さんはスーツで仕事に行くからネクタイをあげよう」「彼女はオシャレが好きだからコスメをあげよう」など、その人物の性別や行動・趣味嗜好を考慮してプレゼントを選ぶからですよね。

オウンドメディアも同様に、訪れて欲しいユーザー像（ペルソナ）を定めておく必要があります。ペルソナを設定することで、その人物がどのような生活スタイルで、どのようなときに自社サービスを求めるのか、仮説を立てることが可能になります。その仮説に基づいて、どのようなクリエイティブにするのか、どのようなコンテンツを作るべきなのか、オウンドメディアの企画を進めることが非常に重要なのです。

ペルソナを設定するメリット

オウンドメディアの企画が容易になる

冒頭でもあった通り、ペルソナを設定することで、サイトに必要なクリエイティブやコンテンツなどの要素をまとめやすくなります。そうすることで、企画をスムーズに進めることができます。

ターゲットを絞り込み、強みが明確になる

世の中には、何万ものサイトが溢れ、余程ニッチな業界でない限り、同じような情報を取り扱う先発メディアが存在します。ターゲットを絞り込むことで、サイトに強みが生まれ、後発メディアでも優位性を持ちやすくなります。

プロジェクトメンバー間でターゲットとなる人物像を共有できる。

ペルソナを作成することで、デザイナー、マーケター、営業といった職種の異なるプロジェクトメンバー間で、ターゲットのズレや認識違いを防ぐことができます。ズレや認識違いがあったままプロジェクトを進めてしまうと、作業の手戻りが発生し、コスト増加、スケジュール遅延といったトラブルに繋がります。

ユーザー視点のオウンドメディアを作ることができる

当たり前ですが、オウンドメディアを閲覧するのはユー

ザーです。ペルソナを事前に設定しておくことで、顧客理解が深まり、よりユーザーにとって有益なサイトになります。

ペルソナの設定方法

それでは、具体的にペルソナを作ってみましょう。ペルソナは「性別」「年齢」などの属性データの他に下記のような要素も合わせて考えていきます。

- どのようなライフスタイルを送っているのか
- 普段使うデバイスや、よく見るサイトは何なのか
- どのような悩みや課題を持っているのか
- 何が知りたいのか、どのような願望があるのか

このように、細かく設定することで、その仮説に基づいた行動・感情に基づいたコンテンツを企画することができます。ペルソナを作成する際は、実際に顧客と接点のある営業・カスタマーサポートなどにヒアリングを行い、作っていくと良いでしょう 01。

また、別サイトが既に存在する場合は、Google Analyticsの［ユーザー属性］02や［アフィニティカテゴリ］03を参考にしてみるのも良いでしょう。

01 ペルソナの例

氏名：佐藤　花子
年齢：40歳
性別：女性
学歴：専修大学経営学部
居住：東京都練馬区の賃貸マンション
職業：主婦
世帯年収：1000万円
家族構成：夫、中学生の娘

佐藤花子は、細かいことを気にしない明るい性格。普段からよく使うデバイスはスマートフォン。中学生の娘の受験が終わり、育児が一段落ついた。同世代の友人と週に1回はランチに行く。
今までは娘の部活や受験のサポートもあり、家族を第一に考え生活し、友人付き合いや自分の趣味などがおろそかになっていた。これからは、自分のために多少時間もお金も使える状況。同世代の友人と比べてしわが多いような気がして少し悩んでいる。自分だけ劣ることがないように、自分の年齢に合った良い化粧品を購入したいと考えている。まずは、@Cosmeの口コミや、40歳からのスキンケアといったコンテンツを見て、商品選びをしている。

属性データの他に、ライフスタイルなどの情報も盛り込む。

02 Google Analyticsの［ユーザー属性］

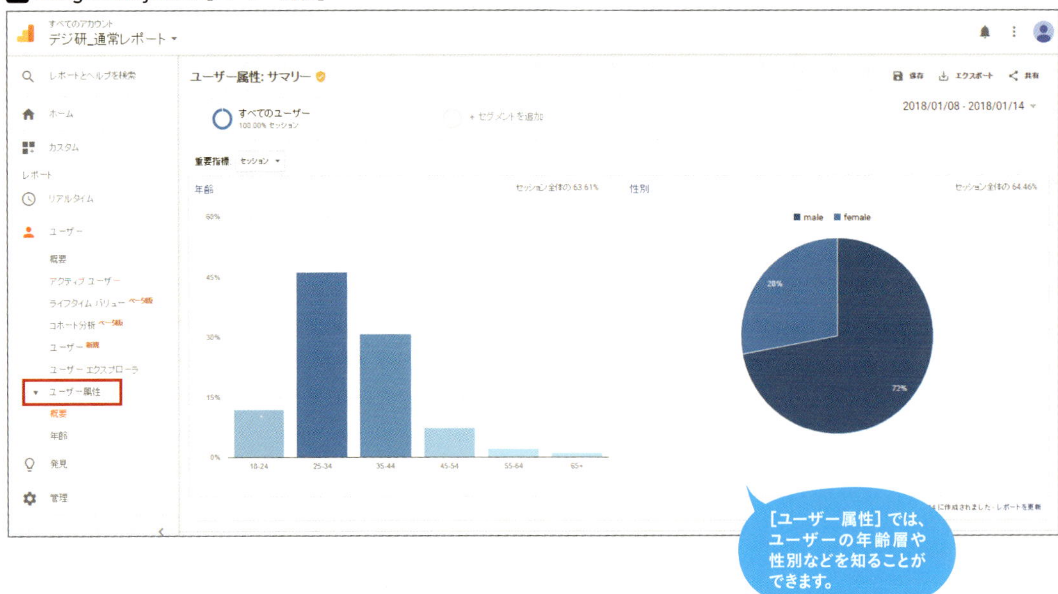

[ユーザー属性] では、ユーザーの年齢層や性別などを知ることができます。

03 Google Analyticsの［アフィニティカテゴリ］

[アフィニティカテゴリ] では、ユーザーの興味のあるジャンルを知ることができます。

03

ユーザーの購買プロセスとカスタマージャーニー

準備編

カスタマージャーニーとは「顧客がサービスの決定に至るまでのプロセス」のことです。カスタマージャーニーを考えることで、見込顧客と接点を持つべきタイミングを見極めることができます。オウンドメディアを通して、顧客とどのタイミングで、どのようなコンテンツタイプでコミュニケーションを取っていくのかを考えるため、カスタマージャーニーを設定していきましょう。

カスタマージャーニーとは

まずは、カスタマージャーニーの概念について説明します。カスタマージャーニーとは、顧客が自社の商品やサービスを購入するまでの「思考」や「行動」、「感情」などの過程のことで、それらを図式化して表したものを「カスタマージャーニーマップ」といいます。

カスタマージャーニーが具体的に把握できるようになると、ユーザーに対して「どのタイミングで」「どのような接点を持つべきなのか」が分かるようになります。オウンドメディア制作をする際は、顧客がコンバージョンに至るまでの感情や思考、抱えている問題などを明確に理解し、必要なコンテンツを考えていきます。

ユーザーの購買プロセス

カスタマージャーニーの実践的な内容に入る前に、ユーザーの購買プロセスについて振り返ってみたいと思います。フレームワークの歴史を振り返ることで、カスタマージャーニーに対する理解が一層深まります。

AIDMA

消費者行動プロセスの中でも、最も有名なのがAIDMA理論ではないでしょうか。AIDMAは、消費者の行動や思考を表す英語の頭文字を並べてできた言葉で、上から順番にAttention（注目）、Interest（関心）、Desire（欲求）、Memory（記憶）、Action（購買）を表しています01。

01 AIDMAの流れ

AIDMA理論で着目すべきは、「Attention：注目」と「Interest：関心」です。これは、マス広告によって注意と関心を引くことを表しており、商品やサービスの購入を促すために顧客の購買欲求を高め、強く記憶に訴えかけることで最終的に成約につなげることを表しています。現在は、テレビや新聞などのマス広告よりも、インターネットによるネット広告が普及したため、AIDMA理論では、現代の消費者行動を捉えるには無理があるのではないかと考えられています。

AISAS

インターネットを利用するユーザーの購買行動を具体的に表すために、新たに考案されたのがAISASと呼ばれるフレームワークです。この考え方は日本の広告会社である株式会社電通によって提唱された消費者行動モデルで、2004年には商標登録が行われています。AISASの英語の頭文字は、上から順番にAttention（注目）、Interest（関心）、Search（検索）、Action（購買）、Share（記憶）を表しています02。

AIDMAと違いAISASにおける購買モデルの大きな変化は、「Search（検索）」という行動が具体的なプロセスとして認められたことです。ここに明記されているSearch（検索）とは、商品やサービスの存在を知ったユーザーが、購入前に検索エンジンなどで事前に詳細を調べるプロセスを表します。最後の「Share（共有）」とは、ソーシャルメディアやブログ、口コミサイトなどで、自分が購入した商品の感想を投稿・共有することを表します。

AISCEAS

スマートフォンやタブレットなどのモバイル端末が低価格で利用できるようになった結果、誰でも簡単に好きなときに必要な情報について検索できるようになりました。インターネットが普及していなかった昔は、テレビや新聞広告を上手く利用して効果的に訴求できれば、比較的容易に売り上げを伸ばすことができていました。しかし現代は、商品やサービスを購入する前段階としてインターネットが深く介入するようになりました。そのため、顧客によって、スマホを利用して口コミ情報などを比較・検討したのちに購買による意思決定が行われています。これらの消費者行動を表したのが、「AISEAS（アイシーズ）」と呼ばれる購買モデルです03。

AISCEASで注目すべきは、ユーザーが商品やサービスを購入する前に、「Comparison（比較）」や「Examination（検討）」をしていることです。どういうことかというと、現在、販売されている商品やサービスは、非常に類似品が多いため、何が違うのか比較して検討したいというユーザーが増えていることを表します。そして、購入して終わりというわけではなく、最後に共有することで他の人たちと感情を分かち合います。これが、現代のフレームワークと言っても過言ではないでしょう。

02 AISASの流れ

03 AISCEASの流れ

カスタマージャーニーからコンテンツを考える

それでは、実際にカスタマージャーニーを利用して、購買プロセスを細分化していきたいと思います。

まずはAISCEASに合わせて、先ほど考えたペルソナの行動をあてはめてみましょう。04は、それをマトリックスにまとめた例です。どんな状況で、どのような思考なのかを考えると、自然とユーザーの行動が見えてくるのではないでしょうか。

04 AISCEASに合わせたペルソナの行動の例

ステージ	興味関心	情報収集	比較検討	購入
状況	美容に関心があるため、スキンケア情報は定期的にチェックしている	自分に合ったスキンケア方法や、評判の良い化粧品の情報収集をし始める	自分に合う40代向け化粧品をいくつかピックアップし、比較検討を行う	買う商品はほぼ決まったが、口コミを見たり、安く買えるキャンペーンがないかチェック
思考	同世代とくらべて劣りたくない、美容情報は気になる	同世代はどんなスキンケアをしているんだろう？ 自分のシミ・シワが気になる…	似たような商品がたくさんあるけど、どれがいいかな？	利用者の声が気になるな、できるだけ安く買いたいな
行動	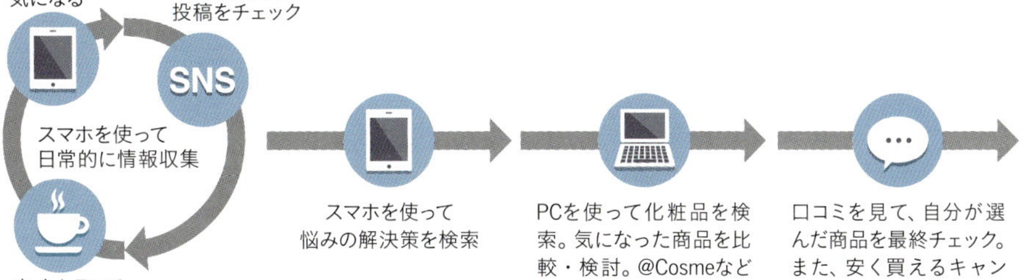 美容情報は気になる → SNSで友人の投稿をチェック → 友人とランチ 美容についてよく話す（スマホを使って日常的に情報収集）	スマホを使って悩みの解決策を検索	PCを使って化粧品を検索。気になった商品を比較・検討。@Cosmeなどの比較サイトもチェックしている	口コミを見て、自分が選んだ商品を最終チェック。また、安く買えるキャンペーンやサイトがないかも調べる
検索キーワード	40代　メイク　顔 マッサージ　やり方	目の下　シワ　原因 40代　化粧品　選び方	40代　化粧品 ランキング　商品A 商品C　比較	<商品名>　口コミ <商品名>　キャンペーン
コンテンツのシナリオ	情報検索段階のターゲットには、サイトを認知してもらう必要があるため、幅広くコンテンツを用意する。流行をキャッチアップしたコンテンツや、ハウツーコンテンツが有効。	課題認識しているターゲットに対しては共感が得られるコンテンツを用意すると効果的。お悩みキーワードを使用したコンテンツを企画し、ターゲットを集客する。	比較検討しているユーザーに対しては、商品を比較したコンテンツや、ランキングコンテンツが有効。他社商品とも比較したい場合は、自社所有ではないメディアを活用することも考える。	既に具体的な検討段階に入っているため、購入確度の高い顧客。商品利用者のインタビューや口コミを集めたり、お得なキャンペーンで最後のひと押しができるようにする。

04 コンテンツイメージを明確にする

準備編

ここからは、オウンドメディアに掲載するコンテンツについて具体的に考えていきましょう。どのようなコンテンツが必要なのかを考えることで、この後に出てくるサイト全体の設計図である「サイトマップ」を作成しやすくなります。

ユーザーの検討フェーズからコンテンツをイメージする

必要なコンテンツを洗い出す際は、先ほど考えたカスタマージャーニーをもとに、ユーザーの検討フェーズを意識することがポイントです 01。例えば、潜在層と顕在層では、用意すべきコンテンツが異なります。ニーズが顕在化されていない潜在層に対しては、まずは接点を持つということを目標に、幅広い内容のコンテンツを用意しておくことが必要です。反対に、顕在層に対しては、最後のひと押しとなるようなコンテンツを用意すると良いでしょう。

01 ユーザーの検討フェーズ

興味関心 → 情報収集 → 比較検討 → 購入

ニーズが顕在化されていない潜在層
見込度は低いが、人数が多い

ニーズが顕在化された顕在層
見込度は高いが、人数が少ない

潜在層向けコンテンツの例

- 40代でも30代に見える！簡単若返りメイクの方法
- 目の下のシワは乾燥が原因！？乾燥対策に話題のマヌカハニーパックとは？
- 体の中から美しく！美肌になれるコラーゲン鍋のレシピ3選

顕在層向けコンテンツの例

- 40代からはじめるスキンケア【40代におすすめの化粧水ランキング】
- <商品名>初回限定キャンペーン！口コミ投稿で5%OFF！
- <商品名>お客様インタビュー　【△△県　□□様】

この段階では、詳細なタイトルまで考える必要はありません。「シワやたるみなどのお悩みが解決できるような情報」など、ふわっとしたイメージで構いません。オウンドメディアに必要だと思うコンテンツのイメージを思いつく限りピックアップしてみましょう。

コンテンツマップの設計

コンテンツの大枠のイメージがついてきた段階で、コンテンツをカテゴリ分けしていきましょう02。そして、カテゴリをもとにコンテンツマップに落とし込みます03。

カテゴリは、この後のサイトマップを作成する際の重要なポイントとなります。

02 コンテンツのカテゴリ分け

カテゴリ	コンテンツのイメージ
スキンケア情報	シワやたるみなどのお悩みが解決できるような情報
	フェイスマッサージなどのお役立ち方法
	コラーゲンやヒアルロン酸などの美容雑学
化粧・メイク	メイク術について実際のテクニックを紹介する
	化粧品についてのアンケートコンテンツ
美肌レシピ	美肌に効果がある食材を使ったレシピ
その他	自社製品を使用してもらう体験コンテンツ
	お得なメールマガジンの配信
	年代別メイクガイドラインなどのホワイトペーパー

03 コンテンツマップへの落とし込み

大カテゴリ	中カテゴリ	コンテンツアイディア
スキンケア情報	シワやたるみなどのお悩みが解決できるような情報	シワ
		シミ
		たるみ
	フェイスマッサージなどのお役立ち方法	マッサージ
		入浴方法
		運動
	コラーゲンやヒアルロン酸などの美容雑学	コラーゲン
		ヒアルロン酸
		ビタミン
化粧・メイク	メイク術について実際のテクニックを紹介する	アイメイク
		ファンデーションなどの下地
		リップ
	化粧品についてのアンケートコンテンツ	どうやって化粧品を選んでいるのか
		化粧品を変えるタイミングは
		お気に入りのメーカー
美肌レシピ	鍋	コラーゲンたっぷりの鶏鍋
		ダイエット効果がある辛い鍋
	デザート	ビタミンたっぷりフレッシュジュース
		ヨーグルトを使ったアイス
特集	自社製品を使用してもらう体験コンテンツ	化粧水1ヶ月体験
		アイメイクで眼力比べ
別途作成	メールマガジン登録フォーム	
	ホワイトペーパーダウンロードフォーム	

05

準備編

オウンドメディアの運営体制を設定する

オウンドメディアが失敗する理由として多くあるのが、目標設定や運営体制が曖昧だったことが原因で更新が止まってしまうというケースです。当たり前ですが、オウンドメディアを成功させるためには、継続して更新をし続けていくことが一番重要なポイントになります。

オウンドメディアを運営する上で必要なメンバー

●Webディレクター、Webクリエイター

Webサイトを作る上でいなくてはならない存在が、Webディレクターです。Webサイトの構造や全体のクリエイティブは、Web制作に知見のあるディレクターが設計していきます。ときにはWebマーケターと協力して、サイトの枠組みを支える、縁の下のチカラ持ちです。ただし、この役割が担当できるメンバーが自社にいない場合、外注でも構いません。新しく専任担当を雇うなら、ノウハウを持ったWebサイトの制作会社に依頼してしまうのも手でしょう。

●コンテンツディレクター、エディター

オウンドメディアという箱が出来上がった後は、中に入ってくるコンテンツが必要です。このコンテンツを企画したり、ライターからあがってくる記事をリライトしたり、過去記事の修正をしたり。コンテンツのディレクションから編集までを担当するコンテンツディレクターが必要です。

●ライター

もちろん、コンテンツは企画するだけではなく、実際に文章を書かなければなりません。しかし、多くの企業では自社で専属ライターを雇ったり、社員に兼務で書かせるのではなく、外部のライターに発注を行っています。余程ニッチな業界ではない限り、コンテンツの企画までは自社で行い、ライティングは外注をして、量産できる体制にすると良いでしょう。

●Webマーケター

そして、欠かせないのがWebマーケターの存在です。コンテンツディレクターが兼任するケースも多いですが、キーワードプランニングではなく、細かなSEOノウハウは、コンテンツのディレクションとはまた別の領域ですので、オウンドメディアの設計段階や、コンテンツの効果測定など、要所要所でWebマーケターの役割が出てきます。Webマーケターも専任で雇うことが難しいケースが多いので、Webマーケティング企業へ外注してコンサルティングをしてもらうのも良いでしょう。

記事管理表の用意

コンテンツの制作に複数のメンバーが関わる場合、すれ違いが起こらないように、記事管理表を用意しましょう 01。どの記事を誰が書いて、誰が編集をしたのかなど、必要な項目をエクセルでまとめるだけでも構いません。ライティングを外注している場合は、ライターに受領の連絡をしなければいけませんので、漏れがないようにしましょう。

01 記事管理表

No.	タイトル	カテゴリ	ライター	総額（税込）	納品予定日	受領日	エディター	公開日
1	40代でも30代に見える若返りメイク	化粧・メイク	田中	¥10,000	2018/1/31	2018/1/20	徳井	2018/2/5
2								
3								
4								
5								

エディトリアルカレンダー

更に一歩進んだ記事管理をするなら、エディトリアルカレンダーを活用すると良いでしょう 02。エディトリアルカレンダーとは、コンテンツを作っていく中で、全体像を把握するためのスケジュール表のことです。エディトリアルカレンダーを取り入れることで、シーズン毎のイベントに合わせたコンテンツを企画できる他、年間の執筆スケジュールを作成することができるため、長期的な戦略立案が可能です。

02 エディトリアルカレンダー

	4月	5月	6月	7月	8月	9月
イベント(世間一般)	入学式 入社式 花見	こどもの日	梅雨	七夕	海・プール	夏祭り 花火 夏休み
イベント(業界・社内)	美容の展示会		新商品の化粧水発売		ウォータープルーフ商品発売	
関連性のあるニーズ	入学式メイク				ウォータープルーフ化粧品	
コンテンツテーマ	入学式にぴったりのメイク術		じめじめした梅雨でも保湿が重要		日焼け	浴衣メイク
企画期間	2018/01/1〜2018/01/5		2018/03/1〜2018/04/5		2018/05/1〜2018/06/5	2018/06/1〜2018/07/5
ライティング期間	2018/01/6〜2018/02/10		2018/03/6〜2018/04/10		2018/05/6〜2018/06/10	2018/06/6〜2018/07/10
編集期間	2018/02/11〜2018/02/28		2018/04/11〜2018/04/28		2018/06/11〜2018/06/30	2018/07/11〜2018/07/31
公開目標	2018/3/1		2018/5/1		2018/7/1	2018/8/1

	10月	11月	12月	1月	2月	3月
イベント(世間一般)	運動会	七五三	クリスマス	お正月	節分	ひな祭り 卒業式
イベント(業界・社内)		クリスマスコフレが発売	コスメ福袋が発売			
関連性のあるニーズ			クリスマスプレゼント	福袋		卒業式メイク
コンテンツテーマ		女性が喜ぶクリスマスプレゼント	コスメ福袋の中身を調査してみた	寒い日に食べたい美肌鍋		卒業式にぴったりのメイク術
企画期間		2018/08/1〜2018/09/5	2018/09/1〜2018/10/5	2018/10/1〜2018/11/5		2018/12/1〜2019/1/5
ライティング期間		2018/08/6〜2018/09/10	2018/09/6〜2018/10/10	2018/10/6〜2018/11/10		2018/12/6〜2019/1/10
編集期間		2018/09/11〜2018/09/30	2018/10/11〜2018/10/31	2018/11/11〜2018/11/31		2019/1/11〜2019/1/31
公開目標		2018/10/1	2018/11/1	2018/12/1		2019/2/1

エディトリアルカレンダーは、年間スケジュールだけではなく、月間でも作っておくと、メンバーのスケジュール調整がよりやりやすくなります。

CHAPTER

4

オウンドメディア制作

では、実際にオウンドメディアを立ち上げる場合はどういったことに気を配ればよいのでしょうか？　失敗しているオウンドメディアは自然検索による流入が獲得できなかったケースが多かったですが、よっぽどのキラーコンテンツでなければ、オウンドメディアに有料広告を利用するのは本末転倒です。ここからは、実際にオウンドメディアに不可欠な自然検索を流入させるための手法を紹介します。

01

SEOの基礎を理解しておく

制作編

成功しているオウンドメディアは集客の基本が自然検索からとなっています。よって自然検索流入を獲得するために、まずはSEOの基礎を理解していきたいと思います。

そもそもSEOとは

SEOとは、検索エンジンで検索した際に自サイトを上位に表示させてユーザーを獲得するというWebマーケティングの手法です。つまり、日本においてはGoogleやYahoo!で上位表示させる対策、になります。ではなぜ、SEOという作業が必要なのでしょうか？

Webサイトに表示されている情報を“そのままのクオリティ”で理解できれば必要無かったのかもしれません。しかしながら、評価を決定する検索エンジンロボットは人と同じように画像を理解できなかったり、莫大な量の変わりゆくWebサイトの評価を瞬時に理解できないからです。

分かり易いようにSEOができていないということを百貨店で例えるなら、「商品」を曇ったショーケースに陳列しているような状態です。これでは良い商品・良いコンテンツを持っていても、そもそも正しい審査がされていない状態にあります。

SEOは難しいしよく分からないといった話を聞きますが、実はすごくシンプルで「検索エンジンが読めるように記述する」ということがポイントとなります。上述した通りロボットは画像をデータとして捉えているため、どういった画像なのかは分かりません。ロボットに伝えるためには代替テキストという機能を利用し、画像にはこう書いてありますと説明する文章を設定する必要があります。

また、ロボットには「ここを特に評価しよう」と決めている場所があります。それは大見出しやページタイトルです。その“読むポイント”である見出しやタイトルの中に、検索で引っかかって欲しいキーワードが入っていなければ、順位が思うように上がらなくても致し方ありません。

検索エンジンの評価を決めるロボットはクローラーと呼ばれています。クローラーは何が読めて何が読めないのか、そして、どこを読むのかを理解し、読める所に読める言葉で記述しましょう。

Googleが推奨するSEO

日本の検索エンジンシェアはYahoo!とGoogleが95%以上のシェアを占めていると言われていますが、実はYahoo!の検索結果もGoogleが提供しており、日本におけるSEOとはGoogle対策と言っても過言ではありません。よって、本書ではGoogle検索に成功するSEOを紹介します。Googleの推奨するSEOをきちんと理解し、正しい対策を行いましょう。

Googleの推奨する対策

- Google がコンテンツを見つけられるようにする
- Google に見て欲しいコンテンツを指示する
- Googleがコンテンツを理解できるようにする
- Google 検索結果での表示を管理する
- サイトの階層を整理する
- 検索ユーザーの行動を分析する

上記がGoogleに見つけてもらうSEOの基本となりますが、一方でGoogleが規制するSEOも存在します。それを「ブラックハットSEO」と呼びます。ブラックハットSEOを行い、Googleに見つかるとGoogleから重いペナルティを受ける可能性がありますので、正しい知識を身に着け、Googleの推奨する対策を行いましょう。

Googleが推奨するSEO

Googleの推奨する正しいSEOは順位向上以外に、検索ユーザーの行動を分析して有益なコンテンツを提供する事を原則としており、Webサイトがユーザーとよりよいコミュニケーションを獲得するのに寄与します。

ブラックハットSEOのペナルティ

ブラックハットSEOによるペナルティを受けると、本来上げたいキーワードの順位が大幅に下がります。ひどい場合にはサイト名やブランド名で検索しても上位に表示されずトラフィックの9割を失ったサイトもあります。

オウンドメディアのSEO

このCHAPTERでは、SEOの技術的な項目についてもあわせて説明していきます。ただし、忘れてはいけないことがあります。それは、技術的なSEOはあくまでもコンテンツを100%の係数でクローラーに理解させるものである、ということです。つまり、きちんと評価させられると言っても、コンテンツの中身が他のサイトと比較して内容が薄いものや他のサイトを寄せ集めたようなコピー情報ばかりでオリジナルコンテンツが無い、といった具合のように、コンテンツの質が低ければ上位表示には至りません。よって、技術的なSEOを紹介していきますが、「コンテンツの質がありきである」ということは忘れずに読み進めてください。

また、コンテンツの内容面におけるランキング上昇に必要な要素は情報の網羅性です。もしも、本書で紹介するSEOノウハウを実装したにも関わらず、上位表示もしないし流入も伸びない、ということがあれば、上位表示サイトと自分のサイトで何のコンテンツへの言及が不足しているかを確認して追記をしましょう。

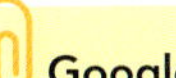

Googleのアナウンス

内容が伝わることが前提ですが、Googleはランキングを上げるうえで一番重要な要素は情報を豊富にして、コンテンツのテーマを示す関連性の高いキーワードを適切に含めることであると公言しています。

02 ドメインとサーバーはどうする？

制作編

オウンドメディアを立ち上げよう！　と思い立ったときに悩むのがドメインとサーバーです。ドメインはこれから長く付き合って、あまりコロコロ変えるものではないので悩みがつきません。それではどういった基準で選べばいいのでしょうか？　ここではSEO的に有効な方法を解説していきます。

ドメインとSEOの関係

実はGoogleが公式に発表しているのですが、検索エンジンはURLからも情報を得ています。よって、ドメイン選定はユーザーに対する安心感や信頼感のアピールとともに、検索エンジンに対してサイトテーマを分かりやすく伝えることにも効果的です。

トップレベルドメインの決め方

ドメインの最も右側に位置するラベルをトップレベルドメイン（TLD）といい、「.com」「.net」「.jp」などの種類があります。ここは検索エンジンに対して強みを発揮するのでしょうか？　Googleがウェブマスター向けに発表している公式情報では、検索エンジンはどのトップレベルドメインも平等に同じように処理するといっています。よって、SEO的にはどのトップレベルドメインを選んでもSEOには関係ありません。ただし、Webサイトを訪れたユーザーの心象を考えると「.com」「.net」「.jp」など、メジャーなトップレベルドメインを選ぶ方が安心感を与えられるため、おすすめです。

独自ドメイン名を決めるポイント

①　サイトテーマがわかるドメイン

サイトテーマに合致したドメイン名は検索エンジンに対してサイトテーマを分かりやすく伝える役割を果たすとともにユーザーに対しても安心感や信頼感のアピールになります。

顔の見えないインターネットの世界だからこそ、Webサイトを訪れるユーザーに感じてほしいものは、「安心感」や「信頼感」です。Webサイトにある全ての情報から、ユーザーはそれを感じ取ります。ドメイン名も例外ではありません。

ドメインを見てもサイトテーマがまったくわからない場合、ユーザーは「このWebサイトは何をしたいサイトなのかな」と疑念を抱くでしょう。そして、検索エンジンのランキングを決める要因の1つとして、ドメインにキーワードが含まれているかどうかというポイントがあります。よって、ドメイン名には、サイトテーマを表すキーワードを含めることをおすすめします。

② シンプルで短い単語

ドメイン名は、「覚えやすく」「入力しやすい」名前をおすすめします。ドメイン（URL）は検索結果にも表示されるものです。シンプルなドメインは目に飛び込んできやすく、またその中にブランド名やサービス名などの「サイトテーマ」が入っていればユーザーがクリックしてくれる確率も高まります。

実際に検索結果ページで、「URLはタイトルとスニペット（説明・要約部分）の次に見られている」という調査報告もあります（『サーチエンジン検索結果ページにおける視線情報の分析』JSIK:Vol.19（2009）,No. 2）。

また、「覚えやすい」URLは入力のしやすさやSNS・ブログでの記載のしやすさにも効果を発揮します。

③ 日本語ドメインはSEOに有効か？

日本語ドメインは検索結果ページでかなり目を引きます。日本語ドメイン名に検索キーワードを含めることで日本人には分かりやすさが増し、ユーザビリティの観点からもクリックされやすいこともメリットです。企業にとってはブランド名やサービス名を覚えてもらいやすいでしょう。

SEO的には一時的にブームになり日本語ドメインはSEOに有効であるといわれた時期がありました。しかし、それも今では落ち着いており、日本語ドメインにはデメリットも多く存在するため利用をおすすめしません。

通常、ブラウザーのアドレスバーで見る限りでは日本語に見えていますが、内部では「Punycode（ピュニコード）」と呼ばれる英数字に変換して処理されています。これは意味を成さない英数字の羅列で、長さも長くなりがちなため、日本語ドメインは非常に管理しづらいです。さらに、文字列が長いPunycodeでリンクを貼ることを手間に感じる方が多く、リンクを取得しづらいというデメリットも見過ごせません。

また、メールアドレスに日本語ドメインは使用できないため、アットマーク以降にはこのPunycodeが適用されます。見た目も悪く、送信相手にスパムと間違われる可能性も高くなるでしょう。

このように日本語ドメインにはデメリットがあるため、米国発のGoogleクローラーには英数字ドメインを取得することをおすすめします。

独自ドメインとサブドメインとサブディレクトリ

ここまで独自ドメインについて説明をしてきましたが、サブディレクトリやサブドメインでも考え方は同じです。短く、サイトテーマを表す検索キーワードが入っていることがおすすめです。では、独自ドメイン、サブドメイン、サブディレクトリの中でSEOの差はあるのでしょうか？

こちらは実際にはあると考えます。SEOだけを考えると、以下の順番にSEO効果があります。

サブディレクトリ　＞　サブドメイン　＞　独自ドメイン

ただし、すでにWebサイトを運営している中でテーマ的にもサブディレクトリでメディア展開をするには違和感がある場合があると思います。その場合は、次いでサブドメインを検討ください。サブドメインか独自ドメインかの選択については、メディアの内容上の問題でユーザーに先入観を持って欲しくない場合は独自ドメインにて始めましょう。

独自ドメイン名は、ユーザーが利用する重要なキーワードを含めて、短くシンプルな英数字を利用しましょう。ドメイン名は一度決めたら変更し難いので、じっくりと気に入った独自ドメイン名を決めてください。

SSL通信がランキング要素に加わったことにより、HTTPS化は必須に

Googleは、2014年8月からSSLによりセキュリティ保護されたWebサイトをランキング要素に加えることを発表しています。よって、これからオウンドメディアを起ち上げる場合はぜひとも常時SSL化を採用してください。SSL化したサイトは「https://」からURLが始まる表示がされるようになります。また、Google Chromeなどのブラウザーでは、アドレスバーに「保護された通信」と表示されるので01、ユーザーに安心と信頼を与えます。

01 保護された通信の例

保護された通信　https://digital-marketing.jp

ブラウザーによっては
この様に表示されます。

SSL化の導入で注意が必要なポイントとしては、どんなSSLでも導入をしてしまえばOKではない、ということです。2018年2月現在、Chrome及びFirefoxブラウザーでは、2018年4月もしくは10月に予定しているアップデートでSymantec社系のSSLサーバー証明書を利用したSSL通信については無効化すると発表しています。これはGoogleから対象のサーバー証明書に指摘が入ったためなのですが、導入に際してはこういった危険性もあるため気に留めておきましょう

なお、2018年2月現在、無効化対象のサーバー証明書の発行元は以下の4つとなっています。

- Symantec
- GeoTrust
- RapidSSL
- Thawte

現在上記のSSLを利用しているサーバーで有効期限がまだまだ先だとしても同様ですので、ご注意ください。

ドメインに関するその他の注意点

トップレベルドメインの説明の際に、どのTLDも公平に扱われると延べましたが、例外はあります。それは、「本来の意図とは違うTLDの利用は控えましょう」というものです。極端な例としては、「.jp」なら日本、「.us」ならアメリカ、「.cn」なら中国というようにドメインに意図が含まれて利用されているものがあります。にも関わらず、この意図を無視して利用してしまうと、人間と同様に検索エンジンも混乱してしまい正しい評価を得られない可能性があります。

この例のように国別に利用されるカントリーコードTLD以外には、教育機関が利用する「.edu」やビジネス利用という意味の「.biz」などの分野別のTLDもあります。「.com」や「.net」も分野別のTLDですが、既に利用されているシーンが幅広いため意図は働いていませんが、一部のTLDには意図が含まれたものがありますので、変わったTLDを選択する際は気をつけましょう。

TLDは大きく「gTLD（generic TLD：分野別トップレベルドメイン）」と「ccTLD（country code TLD：国コードトップレベルドメイン）」に分けられます。

03 ディレクトリとカテゴリはどうする?

制作編

ドメインと同じようにディレクトリもURLに反映されるため、ディレクトリやカテゴリ構造はきちんと設計する必要があります。サイト制作後に変更しようとすると膨大な労力を伴いますが、SEO効果としては非常に有効なため新規に立ち上げる際はきっちりと企画し入念に作り込んでください。

コンテンツマップ

Webサイトを作る際に行き当たりばったりでURLを設定しているとその整合性をとるのが大変なことが容易に想像つくかと思います。そこで必要なことは事前に「コンテンツマップ」を用意することです。

コンテンツマップはURLの整理だけに留まらず、オウンドメディアの目的を達成するために必要な要素の洗い出しやユーザビリティを高めるための手助けとなります。そして、コンテンツマップを利用すれば階層構造の関係が明確なURLの設定が可能になります。

コンテンツマップの基本的なカテゴリ設計の仕方

大切なのは同じテーマのグループを一括りにして論理的に意味が通るようにグルーピングすることです。01 はあくまで例ですが、アイテム種別に主眼を置いた場合は論理的に配置されていることがわかると思います。

01 コンテンツマップの例(ブランド用品の通販サイトの場合)

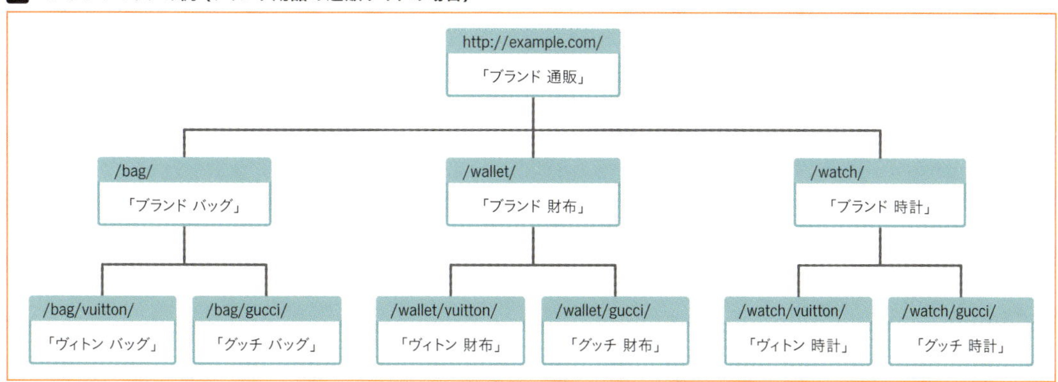

では、良くない構造の例としてはどういったことがあげられるでしょうか？

- http://www.example.com/shop/bag/
  余分な階層があるため、URLが無駄に長くなっている。

- http://www.example.com/item/02/
  URLを見ただけではそのページが何の情報を扱っているのかわからない。

- http://www.example.com/item/vuitton-bag/
  http://www.example.com/item/gucci-watch/
  階層構造（親ページ⇔子ページの関係）が整理されていない。

理想的な構造とは？

- http://www.example.com/wallet/
  余分な階層が無く、シンプルなURL。

- http://www.example.com/bag/
  URLを見ただけでそのページが何の情報を扱っているのか判断できる。

- http://www.example.com/wallet/vuitton/
  階層構造（親ページ⇔子ページ）の関係が明確。

ディーエムソリューションズのオウンドメディアでは？

筆者が運営している株式会社ディーエムソリューションズのオウンドメディアでは、実際に次のようなURLにしています。ぜひご参考にしてください。

- https://digital-marketing.jp/seo/
  SEOカテゴリのTOPにあたるURL

- https://digital-marketing.jp/contentmarketing/
  コンテンツマーケティングカテゴリのTOPにあたるURL

- https://digital-marketing.jp/contentmarketing/owned-media-success-stories/
  コンテンツマーケティングカテゴリに属する記事URL

04 制作編

パンくずリストもきちんと設定しておこう

コンテンツマップをきちんと用意しておくと、パンくずリストも簡単に設定することが可能です。パンくずリストと聞いて、「何それ？」と思った方も多いのではないでしょうか。パンくずリストとは、今いるページを示すために、ページの構造をリストアップしてリンクにしたページ上部に設置されているリストのことです。

パンくずリストとは？

01の赤枠にあるリンクがパンくずリストと呼ばれるものです。普段から目にしているWebサイトにも、こういったパンくずリストが設置されているサイトは多いのではないでしょうか。

クローラーはホームページを巡回する際に、ホームページ内の階層構造にしたがってリンクを巡回し、ページでどのようなコンテンツを扱っているのかを理解し、そのページ内部のアンカーテキストやテキスト本文からページの主要キーワードを認識します。

そのため、クローラーの巡回効率と、巡回する頻度がSEO的には重要になってきます。パンくずリストがあることでクローラーはページ内部を効率よく巡回できるようになります。巡回効率を改善させることで、クローラーに正しく情報が伝わり、ページコンテンツを正しく評価することができます。

よって、コンテンツマップが完了したら、パンくずリストの設定をしましょう。

01 パンくずリストの例

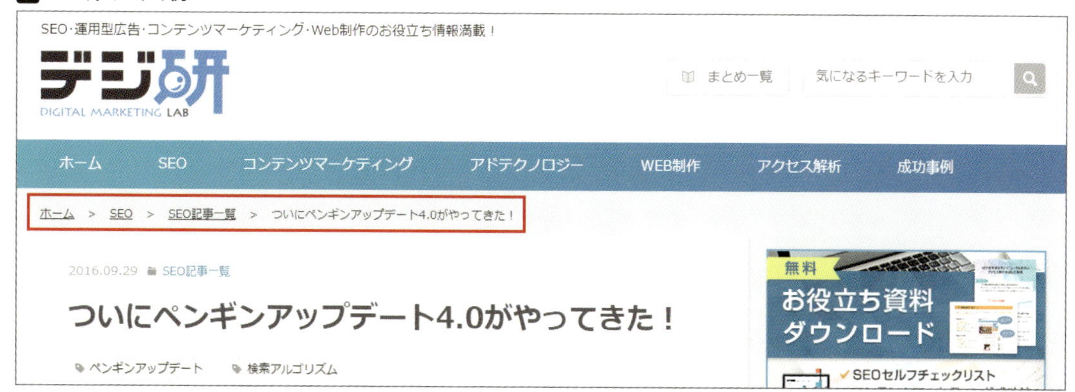

検索結果への影響

パンくずリストは、適切に設置することで検索結果へ表示させることができます。

02のように検索結果でカテゴリを一目で確認できるため、掲載コンテンツもわかりやすく、クリック率を向上させることに繋がります。扱うコンテンツが豊富であればあるほど、パンくずリストを活用しない手はありません。検索結果で自身のWebサイトの取り扱いコンテンツをアピールし、さらに流入数の増加を目指しましょう。

02 検索結果でのパンくずリストの例

パンくずリストの正しい設定方法とSEOとの関係性 | デジ研
https://digital-marketing.jp › SEO › SEO記事一覧 ▾
2016/11/07 - 内部SEO施策（対策）においてパンくずリストは外せない要素です。今回はそのパンくずリストについての記事です。ぜひ、SEOでの参考になさってください。

パンくずリストの設定方法

パンくずリストはただのアンカーテキストリンクで生成し、ホームページ内に設置しても構いませんが、クローラーがそれをパンくずリストだと認識できず正しく表示されないこともあります。

確実にクローラーに「これはパンくずリストだよ」ということを示すには“構造化マークアップ”をする必要があります。構造化マークアップとは、設定することで「ここにはこういった内容のものがあります。」ということを検索エンジンのクローラーに伝わりやすくするものです。パンくずリストにも設定する方法があるので、ぜひ構造化マークアップを適用しましょう。

なお、オウンドメディアにはWordPressを利用することは多いかと思います。筆者も利用していますが、その際にパンくずリストを生成するためのプラグインを利用しています。筆者は構造化マークアップによる記述方法でパンくずを簡単に生成する、「Breadcrumb NavXT」といったプラグインを利用しています。このツールはWordPressのプラグイン追加ページから検索してインストールが可能です。

パンくずリストのチェック

パンくずリストを設置したら正しく設置できているかどうかのテストをしましょう。

パンくずリストを正しく設置できているかどうかは、Googleの提供している「構造化データテストツール」を使用することで確かめることができます。間違った記述をしている際には、エラーとして排出されます。

このツールは、構造化マークアップ全般の設置において重宝するツールなので、ぜひとも活用してみてください。

05 <head>内タグにも気を遣う

制作編

Webサイトを構成するHTML文書は、<html>、<head>、<body>の3種類のタグから成り立っており、それぞれで全体の構成を定義しています。その中でも<head>は検索エンジン向けの情報を記述する場所でもあります。よって<head>内タグの最適化はSEO上において非常に重要です。ここでは各種タグの紹介とあわせて、最適化のポイントを説明します。

<title>タグ

名前のとおり、タイトルをつけるためのタグです。このタグに設定した内容が検索エンジンの検索結果画面にも表示されることがあります。

01はGoogleでの表示イメージです。一番目立つところに表示されますね。02はChromeでの例ですが、ブラウザによってはこのようにタブに表示され、マウスオンで全文表示できます。

01 Googleの検索結果画面に表示された<title>タグの例

ディーエムソリューションズ株式会社 - DM SOLUTIONS Co.,Ltd
https://www.dm-s.co.jp/ ▾
ディーエムソリューションズ株式会社（DM SOLUTIONS Co.,Ltd）はあらゆるマーケティング戦略のお悩みを、お客様と共に解決する『ベスト・ソリューションパートナー』として、全てのお客様と共存し、発展し続けます。

一番目立つところに表示されます。

02 Chromeの検索結果画面に表示された<title>タグの例

マウスオンで全文が表示されます。

<title>タグの最適化のポイント

- 自然検索で上位表示を狙いたいキーワードを盛り込む
- 文字数は70バイト（全角35文字）以下
- ページで訴求したいポイントを文字数の制限内でまとめる
- サイト内のページ毎に固有の内容になるように設定すること

<title>タグは検索エンジンがページの内容を理解しようとする際に最重要視するポイントの一つです。適切なページタイトルをつけることはSEOに非常に有効であ

ることをGoogleは公式に発表しています。

また、文字数については、「70文字では収まらない！」と思う方もいらっしゃると思いますが、検索エンジンの検索結果に表示される文字数が限られているため、長くなりすぎると途中で切れてしまい、内容が伝わらない可能性もあります。

どうしても文字数がオーバーする場合、後半部分が省略されてしまうので、訴求ポイントはできるだけ前半部分に記述することをおすすめします。

最後に「サイト内のページ毎に固有の内容になるように設定すること」ですが、サイト内で同じタイトルのページが複数あると、内容まで重複しているように認識されてしまい評価を下げてしまうことがあるので、できる限り個別の内容を設定してください。

<meta name="description">タグ

<meta name="description">は、Webページの概要を記述するタグです。<title>と同じく、検索結果の画面に説明文（スニペット）として表示されることが多いです。

03はGoogleでの表示イメージです。検索したキーワードが文中に含まれていると太字（ボールド）になります。検索するキーワードによりタグの記述内容が省略されたり、ページ内のテキストを引用されたり、検索エンジン側の調整により表示が異なるケースがあります。

03 Googleの検索結果画面に表示された<meta name="description">タグの例

ディーエムソリューションズ株式会社 - DM SOLUTIONS Co.,Ltd
https://www.dm-s.co.jp/ ▾
ディーエムソリューションズ株式会社（DM SOLUTIONS Co.,Ltd）はあらゆるマーケティング戦略のお悩みを、お客様と共に解決する『ベスト・ソリューションパートナー』として、全てのお客様と共存し、発展し続けます。

検索したキーワードが文中に含まれていると太字になります

<meta name="description">タグの最適化のポイント

- 自然検索で上位表示を狙いたいキーワードを盛り込む
- 文字数は160～220バイト（全角80～110文字）以内
- サイト内の各ページで個別の内容になるように設定すること

<meta name="description">に狙いたいキーワードを盛り込むと、検索結果画面に表示される説明文（スニペット）が太字で表示されるため、クリック率に影響が出ます。太字の前後に訴求したいポイントを記述すると目立たせることができますね。

ページで訴求したいポイントを文字数の制限内でまとめます。ただし、2018年1月現在では160~170文字程度まで表示されているスニペットが確認できています。正式に発表されていませんが仕様が変更されたようです。PCについてはユーザーがクリックしたくなる訴求文を追記しましょう。

文字数については<title>と似た理由ですが、ポイントは下限を設定しているところです。

文字数が少なくなりすぎると、スニペットが1行になってしまい、他の検索結果よりも専有面積が狭くなってしまいます。04のように、3行が1行になると、こんなにも差がでます。

表示できる文字数は<title>よりも多いですが、できるだけわかりやすく訴求ポイントを記述しましょう。

また、<title>と一緒に表示されますので、お互いの内容を工夫して記述すると、より魅力的に見せることができます。

04 スニペットの文字数による表示の違い

<meta name="keywords">タグ

<meta name="keywords">はページのキーワードを指定するタグです。

Googleは公式に<meta name="keywords">をページの評価基準には使用していない、と発表しています。同様に、Bingなどの検索エンジンでもサポートはしていませんが、記述の内容によってはマイナスの評価をする可能性があることを発表しています。

一見、設定の必要がなさそうな<meta name="keywords">ですが、Google Adwordsの動的検索広告を利用する場合は、<meta name="keywords">の内容が出稿内容を決定するために利用されていますので、設定はしておきましょう。

設定する際は、上述したとおりマイナスの評価を受けないために、タグの中に記述するキーワードの数は2～5つ以内で設定するようにしてください。

<link rel="canonical">と<link rel="alternate">

<link rel="canonical">と<link rel="alternate">も<head>内に記述するタグです。

<link rel="canonical">は、検索エンジンに対し、そのページを指定先のURLのコピーとして扱うべきだということと、検索エンジンが適用するリンクとコンテンツの指標はすべてこのURLに還元すべきだということを伝えるためのタグです。

一方、<link rel="alternate">は、デスクトップPCユーザー用のページとモバイルユーザー用のページの双方が用意されている場合、PCユーザー用サイトに「Mobile Link Discovery」と呼ばれるlinkタグを設置することにより検索エンジンにモバイルユーザー用ページの存在を通知できます。

OGPタグ

OGPは「Open Graph Protocol」の略称で、HTMLの内容をSNS上などでそのページのURLや画像、サイトの種別などを正確に伝えるために必要な情報です。

OGPタグを設定するとFacebookやGoogle+などのSNSでシェアされた際に表示されるタイトルや説明文、サイトのURLや画像などさまざまな内容をリッチに見せることが可能です05。SEOとは直接的に関係がありませんが、SNS上での拡散も大きな集客効果があります。SNS運用している方は、ぜひ設定してみてください。

OGPを設定すると、コンテンツの訴求ポイントである画像など、SNS上での見せ方が大きく変わります。

05 OGPタグを設定したWebサイトをSNSで表示した例

DOCTYPE宣言

DOCTYPE宣言とは、HTMLソースがどのバージョンを利用して、どのDTD（文書型定義）に従って記述されているかを文頭で宣言することです。

ブラウザーで実際にページを開いたときに表示されるものではありませんが、検索結果画面で発生することのある文字化けを未然に防いだり、サイトのテーマを明確化したり、あるいは検索結果画面の説明文（スニペット）をコントロールするなど、SEOにおいては非常に重要な箇所です。

XHTMLでは、XML宣言をするように強く求められていますが、冒頭の一文を挿入することでレイアウトが崩れてしまうことがあります。また、XML宣言を追加してもGoogleからの評価がよくなるということはありません。どうしてもきっちりとコードを記述したい、という方はXML宣言文を追加してください。

なお、文字コードにUTF-8を使用すればXML宣言を省略することが可能です。IE6・7への対応が楽になります。

06 sitemap.xmlとrobots.txt

制作編

本章の冒頭でSEOの基本概念として検索エンジンにWebサイトの中身をきちんと伝えるという話をしました。sitemap.xmlとrobots.txtは、設定する事で特定のキーワードの順位に直接影響する訳ではないものの、検索エンジンロボットが効率よくサイトを把握するのに重要な要素となっています。設定が不十分になっていないか、既に運営をしているサイトでも改めて確認してみましょう。

sitemap.xmlの役割

XMLサイトマップとは、検索エンジンにサイト内のURLや動画の情報を告知するためのファイルです。

検索エンジンがサイトをクロール（巡回）しにきたときに、そのサイトの構造を効率的に知らせることができます。

では、実際にファイルの適切な記述方法をご紹介します01。

01 sitemap.xmlの適切な記述例（PC版）

```
<?xml version="1.0" encoding="UTF-8" ?>
<urlset xmlns="http://www.sitemaps.org/schemas/sitemap/0.9">
<url>
  <loc>http://www.example.com/</loc>
  <priority>1.0</priority>
</url>
<url>
  <loc>http://www.example.com/a/</loc>
  <priority>0.8</priority>
</url>
<url>
  <loc>http://www.example.com/a/xxx.html</loc>
  <priority>0.5</priority>
</url>
<url>
  <loc>http://www.example.com/a/b/yyy.html</loc>
  <priority>0.3</priority>
</url>
・・・
  （上記に倣ってインデックスさせたいURLを追記）
・・・
</urlset>
```

文字コードは「UTF-8」で作成します。

TOPページの<priority>（優先度）のみ「1.0」に設定します。

第2階層のハブページのURLは<priority>を「0.8」に設定します。

第2階層のコンテンツページと第3階層のハブページの<priority>は「0.5」に設定します。

第3階層のコンテンツページの<priority>は「0.3」に設定します。

①「sitemap.xml」は最新のバージョン（http://www.sitemaps.org/schemas/sitemap/0.9）で記述するようにしてください。

②<priority>（優先度）についてはTOPページのみ「1.0」を設定し、残りのページは階層構造に応じて「0.8」〜「0.1」の間で記述してください。

③<lastmod>（最終更新日時）および<changefreq>（更新頻度）を設定する場合は、内容に矛盾が生じないよう注意してください。

（例）<lastmod>2005-01-01</lastmod>に対して
<changefreq>daily</changefreq>

上記の場合、更新頻度は毎日としているにも関わらず、最終更新日時が2005年1月1日となっています。更新頻度と最新更新日時の整合性を取れない場合はそもそも設定せずに省略しましょう。

ちなみに、モバイル用の場合は書き方が異なり、02のように記述します。

02 sitemap.xmlの適切な記述例（モバイル版）

```
<?xml version="1.0" encoding="UTF-8" ?>
<urlset xmlns="http://www.sitemaps.org/schemas/sitemap/0.9" xmlns:mobile="http://www.google.com/schemas/sitemap-mobile/1.0">
<url>
  <loc>http://www.example.com/mobile/</loc>
  <priority>1.0</priority>
  <mobile:mobile />
</url>
<url>
  <loc>http://www.example.com/mobile/a/</loc>
  <priority>0.5</priority>
  <mobile:mobile />
</url>
・・・
  （上記に倣ってインデックスさせたいURLを追記）
・・・
</urlset>
```

モバイルサイトの場合は、<urlset>に"xmlns:mobile"属性を記述します
モバイルサイトの場合は、<url>の前に<mobile:mobile />を記述します

PC用とは書式の宣言文が異なりますので、別にファイルを作る必要があります。そして、モバイル用ページであることを明示するためにそれぞれ<mobile:mobile />を追記します。ただし、その他の基本事項はPC用のsitemap.xmlと同様です。

その他にWebサイトに動画をアップしている場合は、専用の書式のサイトマップを使って検索エンジンに伝えることができます。今後はユニバーサル検索やバーティカル検索がさらに進化して検索結果画面に動画が出現するシーンが増えていくことが予想されますので、こうした方法は積極的に活用して、インデックスコントロールをして露出を高めていきましょう。

ユニバーサル検索とバーティカル検索

バーティカル検索とは、Googleで導入されている検索機能の名称で、「ユーザーが検索対象をはじめから特定の分野に絞り込むことができる」という検索機能です。Googleの場合は検索結果画面の検索キーワード入力窓の下、Yahoo! Japanの場合は検索キーワード入力窓の上から選択できるようになっています。
一方、ユニバーサル検索とは、検索結果画面上でWwebサイトへのリンク以外の要素、例えば動画、画像、書籍、ブログ、ニュース、口コミ評価などを“自動的”に表示させるものです。Web上のコンテンツがテキスト中心から動画・画像中心に進化するにつれ、2007年にGoogleが力を入れはじめ、検索エンジン各社が追随することとなりました。ユーザーが検索する機能であるバーティカル検索とは対象的に、検索エンジンによるコンテンツの提案と言えるでしょう。

robots.txtの役割

検索エンジンは、クローラーというロボットがサイトを巡回して情報を取得しています。robots.txtは、そのクローラーに巡回の指示をするファイルです。クローラーは、robotst.txtを一番最初に読み込んで、クロールすべきページとクロールすべきでないページを確認し、効率的にサイトを見ています。

このように、主な用途はクローラーに対してアクセスを制御するために利用するのですが、実は最初に読み込むことを利用して検索エンジンにsitemap.xmlの場所を通知することが可能です。

sitemap.xmlの場所を検索エンジンに通知する

非常に有効な手段にも関わらず、結構な割合で利用されていないのですがrobots.txtに03のように記述することで簡単に通知が可能です。

※「http://www.example.com/sitemap.xml」部分は任意のURLに書き換える必要があります。

03 robots.txtに記述するコード

```
User-agent: *
Sitemap: http://www.example.com/sitemap.xml
```

sitemap.xmlとrobots.txtの確認方法

既にオウンドメディアを運営している場合に、設置されているのかが不明という場合はブラウザーのアドレスバーに自身のサイトの末尾に次のように入力し、そもそも設置がされているのか確認してみましょう。

※「http://www.example.com/sitemap.xml」部分は任意のURLに書き換える必要があります。

```
sitemap.xml
http://www.example.com/sitemap.xml
robots.txt
http://www.example.com/robots.txt
```

複数のsitemap.xmlを通知する方法

ひとつのsitemap.xmlには5万URLまでしか記述できません。また、ファイル容量が10MBを超えてもなりません。

また、モバイル用ページをサブディレクトリで展開している場合など、ひとつのサイトに2つ以上のsitemap.xmlを設置したい場合はあると思います。そういった場合には以下のように2つのsitemap.xmlを記述しても問題ありません。

```
User-agent: *
Sitemap: http://www.example.com/sitemap.xml

Sitemap: http://www.example.com/m/sitemap.xml
```

複数設置する場合でも、後ほど紹介する「Google Search Console」を通じて検索エンジンにXMLサイトマップの場所を通知しておきましょう。

Googleはこのsitemap.xmlの設置場所について非常に寛容で、外部ドメインを指定することもできます。特に意味はないのであまりお勧めはしませんが、Google自身が外部ドメインのsitemap.xmlを指定しています。
参考：https://www.google.co.jp/robots.txt

07 Google Search Consoleの初期設定

制作編

オウンドメディアを制作したら、まずやらねばならない作業のひとつがGoogle Search Consoleの登録です。Search Consoleを利用すれば、SEOに有利な状況にすることが可能です。Search Consoleの設定を理解しましょう。

Search Consoleとは？

Search ConsoleはGoogleの提供する無料ツールで、主に以下の用途で利用されています。

- Webサイトに何か問題が起きていないか
- GoogleからはWebサイトがどのように見られているのか
- どんなキーワードで検索されているのか
- どんなサイトからリンクが設置されているのか

ただSearch Consoleはツール名の通り、Search（検索）をConsole（制御）する機能を有しており、運用時のPDCAに利用する以外にもサイト構築時に忘れてはならない重要な機能が備わっていますので、ぜひ活用してみましょう。

Search Consoleの登録方法

先述した通り、Search ConsoleはGoogleの無料のツールなので、登録をしていない場合は早速登録しましょう。

まずはhttps://www.google.com/webmasters/tools/home?hl=ja&pli=1へアクセスしてWebサイトを登録します 01。

Googleアカウントを持っていない方は、まずGoogleアカウントを取得してください。すでにGoogleサービスをお使いの方は、そのIDで登録が可能です。

01 Googleのログイン画面

ログインすると「プロパティを追加」する画面に遷移しますので、そこに自社サイトのURLを入力してください02。そこでSearch Consoleの登録方法を選択しますが、どれも実際の使用には影響はありませんので、お好きなもので登録してください。新規のオウンドメディアを登録する場合は、後ほど利用しますので「Google Analytics」を選択するのがおすすめです。

02「プロパティを追加」する画面

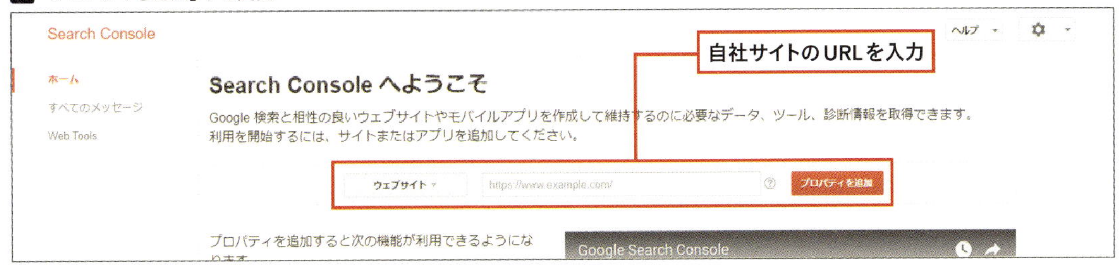

最初に行うべきSearch Consoleの機能

オウンドメディアを登録した場合はインデックスの促進にぜひともやっておきたいこと、それがsitemapの送信です。通常、sitemap.xmlファイルは設置していても検索エンジンがsitemap.xmlファイルを認識するまで待つ必要がありました。しかし、Search Consoleから送信を行うと、検索エンジンにsitemap.xmlファイルへのアクセスを促すことが可能となります。

具体的な手順は以下となります。

まず、左のメニューにある「クロール」→「サイトマップ」をクリックします03。

次に、以下の3つの手順で登録は完了です04。

①「サイトマップの追加/テスト」をクリック
②サイトマップファイルの場所を指定
③「送信」をクリック

Googleが提供するSearch Consoleは検索に表示させるためのツールとして開発されています。素晴らしい内容にも関わらず、全然認識してくれない！　という状況を回避するためにもぜひ活用していきましょう。

03 Search Consoleのメニュー画面

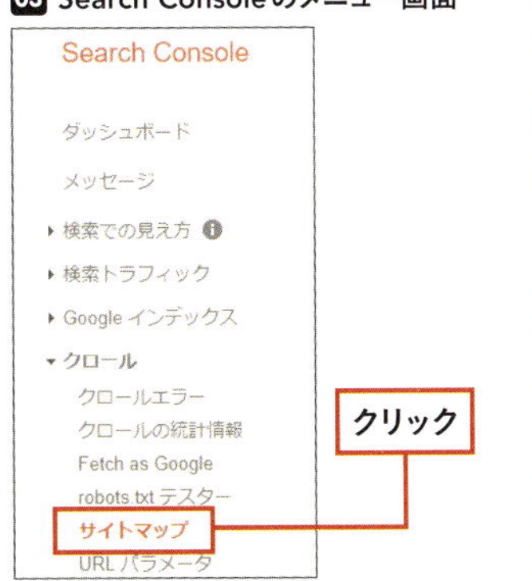

04 Search Consoleのメニュー画面

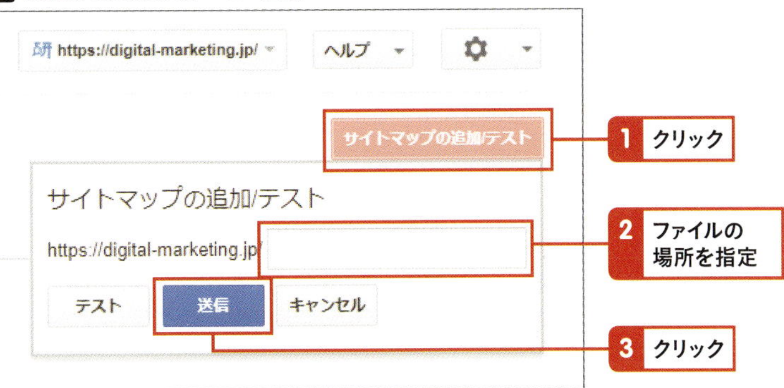

08 構造化マークアップ

制作編

パンくずリストの項目で少し触れましたが、構造化マークアップとは、コンピューターがWebサイトの構造や意味をきちんと理解できるようにするために、テキスト情報をマークアップすることで意味を持たせ、効率よくデータの収集・解釈を行えるようにする施策です。

情報に意味を持たせる

検索エンジンは、私たち人間とは異なり、テキスト情報の中で「これは企業名だ」「ここは営業時間だ」と一目で認識することができません。つまり、検索エンジンはテキスト情報であることは認識ができても、そのテキスト情報ひとつひとつの意味を細かく認識することが難しいのが現状です。このギャップを埋めるために取られる手法のひとつが構造化マークアップになります。

では、具体的に違いをみてみましょう。

「ディーエムソリューションズ株式会社」を表現する方法として、通常のHTMLの例では

```
<div>ディーエムソリューションズ株式会社</div>
```

と記述します。

次に、マークアップを実装したHTMLの場合は、

```
<div itemscope itemtype="http://schema.org/Corporation">
<span itemprop="name">ディーエムソリューションズ株式会社</span>
</div>
```

と記述します。

「株式会社」という文字から、それが企業名であることを私たちは想像できますが、コンピューター（検索エンジン）はそれが理解できません。そこでマークアップを実装したHTMLの例のように、「アイテムタイプ（itemtype）はコーポレーション（Corporation）です。」という記述を加えることで企業名であることを認識することが可能となるのです。このようにコンピューター（検索エンジン）がテキスト情報の意味を読み取りやすいようにマークアップすることで、よりページの内容を理解し情報の収集などを向上させるのが構造化マークアップ施策の狙いになります。

実際どのようなitemtypeがあるかはschema.org（http://schema.org/docs/full.html）に記述されています。こちらを参照し適切なitemtypeを選択し設定しましょう。

構造化マークアップを実装してみよう

それでは、ここからは実際にどのように実装するのかについて紹介します。実装するには、「①Googleの力を借りて実装する方法」と「②HTMLに直接マークアップを追加する方法」があります。

これから先はGoogleアカウントを保有していることと、Search Consoleアカウントを保持していることを前提に説明します。

①Googleの力を借りて実装する方法

まずは、Googleの力を借りて実装する方法から紹介していきます。今回使用するツールは「データハイライター」と呼ばれるものです。

こちらはSearch Console上のツールのため、まずSearch Consoleへのログインを行ってください。次に、左メニューから［データハイライターツール］を開き［ハイライト表示を開始する］を選択します。

次に、構造化データを設定したいURLを入力し、そのページの属性を選択します**01**。今回は自社HPを例に設定を行うので［地域のお店やサービス］を選択しました。また、［このページをタグ付けし、他のページも同様にタグ付けする］については、Googleが類似ページに対しても設定内容を自動的に認識するのを許容するのか、［このページだけをタグ付けする］のように、ひとつひとつのページに対して構造化データを設定するのかの違いになります。

ページが選択されたら、構造化データを実装したい箇所を選択し右クリックすると、選択範囲がどのタグに該当するかを選択できるウィンドウが表示されるので、それぞれの選択部分についてタグ付けを行います**02**。設定が完了したものについては右側にそれぞれ表示されます。下の画像では、郵便番号からはじまる住所が選択され、［住所］にタグ付けされています。

タグ付けが終わったら［公開］ボタンを押せば完了です。これで、ソースコードをまったく修正しなくてもツール上から構造化マークアップを実装することができました。

01 データハイライターツール

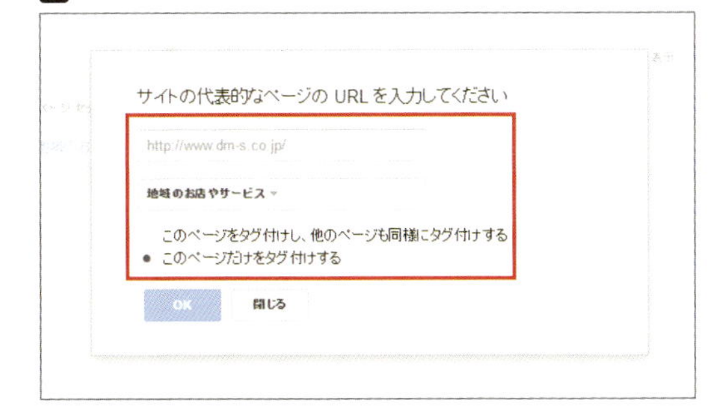

02 タグ付け画面

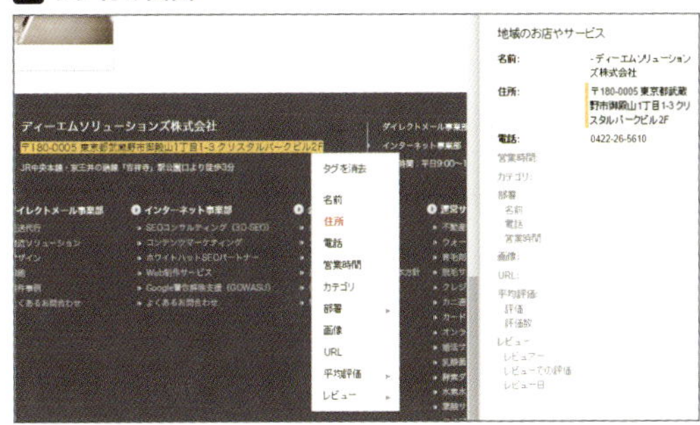

②HTMLに直接マークアップを追加する方法

では続いて、HTMLに直接マークアップを追加する方法を紹介します。こちらはちょっと難易度が上がります。使用するツールは「構造化データ マークアップ支援ツール」です。

- 構造化データ マークアップ支援ツールURL
  https://www.google.com/webmasters/markup-helper/u/0/

まずは、サイトにアクセスした後に、ソースコードを出力したいページURLを入力します03。今回は所在地情報のマークアップを行うため［地域のお店やサービス］を選択しています。［タグ付けを開始］ボタンを押すと、指定したURLを読み込み、先ほどご紹介した「データハイライター」と同様にどの部分をマークアップするか選択する画面となります。

マークアップしたい情報を選択し、［HTMLの作成］ボタンを押してください04。また、うまく選択ができなかったとしても、後でソースコードを修正することは可能ですので安心してください。

03 構造化データ マークアップ支援ツール

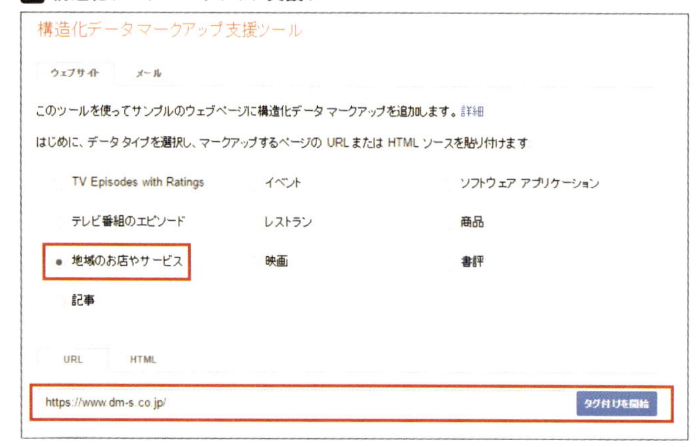

構造化データマークアップ支援ツールの手順に沿ってサイトを更新すると、Google（場合によっては他社のサービス）がサイトに含まれるデータを認識できるようになります。Google がサイト上のデータを認識すると、データをより魅力的に、斬新な方法で表示できるようになります。さらに、HTML 形式のメールを顧客に送信する場合は、マークアップ支援ツールの手順に沿ってメール テンプレートを変更するとことで Gmail でメール内のデータを新しく役立つ方法で表示できるようになります。

引用元：Search Console ヘルプ / 構造化データ マークアップ支援ツール
URL：https://support.google.com/webmasters/answer/3069489?hl=ja

04 構造化データ マークアップ支援ツール

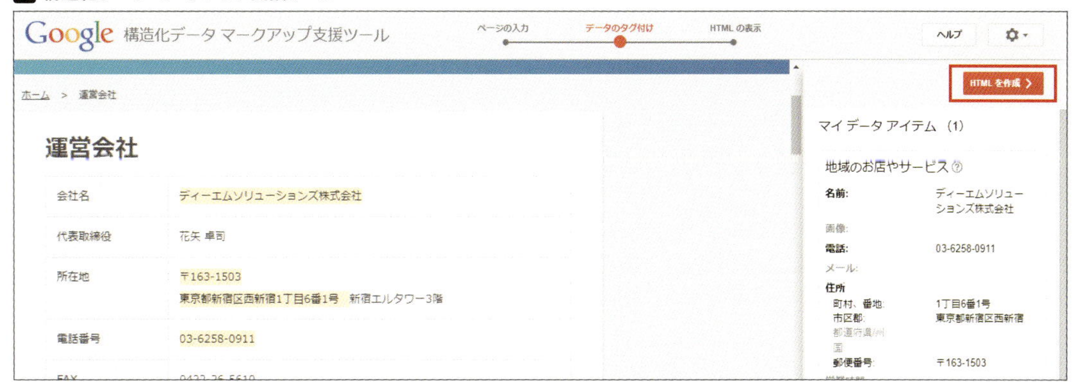

マークアップ前のソースコードの差分が黄色のラインで選択されているのが分かると思います**05**。サンプルの画像では郵便番号をマークアップしましたが、ソースコードに構造化された内容が反映されているのが分かると思います。

あとは［ダウンロード］ボタンを押せば、マークアップしたファイルを手に入れることが可能になります**06**。これをそのまま公開したり、他のページやテンプレートのコードに応用し構造化データのタグを追加することが可能です。

構造化マークアップは特定のキーワードのランキング要素としては重要な要素ではありませんが、検索結果がリッチになり占有率が上がりクリックされやすいという大きなメリットがあります。そして、失敗しても順位が急落するなどの影響はほとんどありませんので、ぜひ挑戦してみてください。

05 ソースコード

```
<div itemscope itemtype="http://schema.org/LocalBusiness"
class="lf">
<div>ディーエムソリューションズ株式会社</div>
<p itemprop="address" itemscope
itemtype="http://schema.org/PostalAddress">
<span itemprop="postalCode">〒180-0005</span> 東京都武蔵野市御殿山1丁目1-3 クリスタルパークビル2F
```

06 構造化データ マークアップ支援ツール

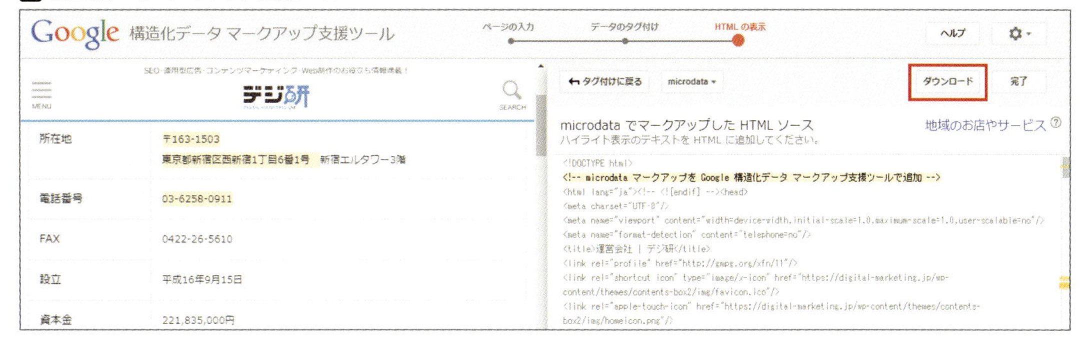

09 エラーページの設定

制作編

存在しないページに人がアクセスしたときに表示されるエラーページ。人がアクセスしたときに「存在しない」と伝えるためのものですが、ロボットについても意味があります。エラーページの意味を理解しきちんと設置しましょう。

クローラーにとってのエラーページとは?

SEOには検索エンジンに正しくサイトを理解させることが必要で、その中にあって存在しないページに対する処理は重要です。すでにオープンしているサイトにおいてはGoogle Search Consoleのダッシュボードにアクセスし［クロールエラー］という項目をクリックしてみてください。『見つかりませんでした』というタブにURLが記載されていればサイト上でアクセスできる状態にも関わらず、ページが存在しないページとなります（エラーがない場合は『見つかりませんでした』が表示されません）。ただし、存在しないページが発生することはどうしても起こってしまう当たり前の現象です。そのため存在しないページがあったからといって、SEOには影響はありません。

では何が問題なのでしょうか？　それは、検索エンジンのクローラーへの影響です。検索エンジンのクローラーは常にサイトを回遊していています。その際に存在しないページに行き着くことがあります。

もしも、何も対処していなかった場合、そのページからはどこにも遷移できません。そのため、クローラーがそれ以上サイトを回遊することができなくなるのです。

クローラーが行き止まりにばかり行き着いてしまうと、クローラーに本当に見て欲しい重要なコンテンツのあるページに辿りつけないかもしれません。サイトを正しく評価してもらうためにはオリジナルなエラーページをつくりクローラーの回遊率を高めることが大事なのです。

オリジナル404エラーページ

先ほどから「存在しないページ」と表現しているページを「404エラーページ」と呼びます。404エラーページはそのままだと「ページが見つかりませんでした」ということを伝えるだけのページになります 01。

この404エラーページですが、表示させるページを自分が作成したページに変更することができます。それ

01 404エラーページ

Not Found

The requested URL /error was not found on this server.

がオリジナル404エラーページです。オリジナルの404エラーページをつくることは、以下のようなメリットがあります。

- サイトの利便性を高める
- サイトの離脱を防ぐ
- サイトの独自性を高める

「404エラーが起きた＝ユーザーが見たいページが見られなかった」というのが404エラーの現象です。

つまりユーザーが404エラーページにたどり着いた際に必要としているのは、どうやったら見たいページを見られるのか、見たいページがないのであれば代わりになるページはあるのか？　という問題に対する解決策の要素なのです。そしてそれはクローラーにとっても同じことです。

では、ユーザーにとって役に立つオリジナル404エラーページにするには、具体的にはどういったコンテンツを入れ込めばいいのでしょうか？さまざまな404エラーページやGoogleの品質評価ガイドラインの内容を元に、必要なコンテンツを洗い出してみると以下を推奨します。

- ユーザーに対し、アクセスしたページが見つからなかったことを明確に伝えるエラーメッセージ
- 本体サイトと合わせたデザイン
- トップページへのリンク
- サイト内検索や、サイトマップの設置
- おすすめのコンテンツへのリンク

404エラーページの設定方法

それではオリジナルデザインで作成した404エラーページはどのように設定すればユーザーに見せることができるのでしょうか？　いくつかの手順があるので、メインとなるものを紹介します。

.htaccessを使用する

オリジナル404エラーページのファイルを404.htmlという名称で、トップ直下に設置します。そして、.htaccessファイル に以下の記述を追加します。

```
ErrorDocument 404 /404.html
```

これで、存在しないページにアクセスした（ステータスコード404を返した）ときに、404.htmlを表示することができます。なお、ここで指定するパスには注意が必要です。記述するパスは、必ず、「/404.html 」という相対パスにしてください。「http:// ～」などから始まる絶対パスで指定をすると、ステータスコードが404（エラー）ではなく、200（正常）になってしまいます。つまり、存在しないページにも関わらず、検索エンジンにちゃんとあるよと嘘をついた状態となり本末転倒となってしまいます。

404エラーページは、ユーザビリティへの影響が非常に高いページです。そしてそれはクローラーにとっても同じです。ぜひとも役に立つオリジナルコンテンツを設定し、人にもクローラーにも優しいサイトにしましょう。

10 Google Analyticsの設定

制作編

Google Analyticsとは、Googleが無料で提供しているサイト管理者向けの高機能なアクセス解析ツールです。コンテンツマーケティングとは記事を沢山作ることではありません。あくまでマーケティング施策ですので、PDCAサイクルを回す必要があります。そこで必須となるのがアクセス解析ツールです。上述した通り、無料で高機能な本ツールをぜひ活用しましょう。

オウンドメディアに適したGoogle Analyticsの設定

Google Analyticsの設置自体は今や一般的になり、インターネットで調べれば解説されているサイトはいくらでもあります。簡単に言うと、Google Analyticsのログイン画面で発行される「ユニバーサルアナリティクスのトラッキングコード」を全ページに設置するだけです。よって、この本では設置以降で行っておくべき項目を紹介します。

●オウンドメディアマーケティングにおけるGoogle Analyticsを導入したらやっておくべき設定

①目標設定

これはどのサイトでも行うべき設定ですが、利用されていないサイトがあります。自動では対応されない設定のため必ず設定しましょう。目標設定とはサイトにおけるゴールの回数をカウントする設定となります。つまりWebサイトの商品を買ってもらう事をゴールとした場合は、商品が何個売れたかをカウントしてくれるようになります。一方で目標設定を行っていなければ、ユーザーがゴールアクションを行っても、どのコンテンツがきっかけになったのかも、どこからアクセスしたユーザーだったのかも何も永遠に分からないままとなります。

ゴールは商品購入以外にも、お問い合わせの数や特定のページの閲覧数、そしてサービスサイトへの遷移数などサイトによってさまざまになりますので、自社において把握すべきゴールを設定してください。なお、設定に関してはGoogle Analyticsの［管理］から行います。オウンドメディアとサービスサイトが別のドメインであっても設定ができますが、サイト毎に設定が違うので、適した方法で設定しましょう。

②読了率

あまり活用されていないのですが、Google Analyticsでは、カスタマイズをすることでページの読了率を計測することができます。せっかく制作したコンテンツを目標に貢献していないときに価値がないと一刀両断することもできますが、「文頭ですぐ離脱してしまっているのか」、「最後まで読まれているのか」どうかは大きな違いです。これにより改善策が変わるためです。ぜひ設定をすることをおすすめします。

Scroll Depthを利用した読了率計測

読了率自体はさまざまな方法で把握することができますが、今回はGoogle Analyticsで確認することができる「Scroll Depth」というツールの設定方法を紹介します。

Scroll DepthとはGoogle Analytics用の読了率を把握するプラグインで、公式サイトは以下となります。

http://scrolldepth.parsnip.io/

Scroll Depthの設置をするには、事前に以下の2つの対応が必要です。

- Google Analyticsのトラッキングコードが貼りつけられていること
- HTMLのheadにjQueryを読み込む記述がされていること

上記の設定ができていれば、公式サイトからプラグインをダウンロードしましょう。01のような画面がありますので、枠のどちらでもお好きな方法でダウンロードを行ってください。

そして、ダウンロードしたファイルの中にある「jquery.scrolldepth.min.js」をサーバーのjsというフォルダーへアップします（アップロード先のjsフォルダーは今回の例となります。以下の記述例と合わせてサーバーにより変更可能です）。

次に、計測するHTMLに「jquery.scrolldepth.min.js」を読み込む記述を行います02。

記述場所は、head内に設置したjQueryの読み込みコードとGoogle Analyticsのトラッキングコードより下に記述してください。

サイトへの設定は以上です。最後に、Google Analyticsの設定を行います。

01 プラグインのダウンロード画面

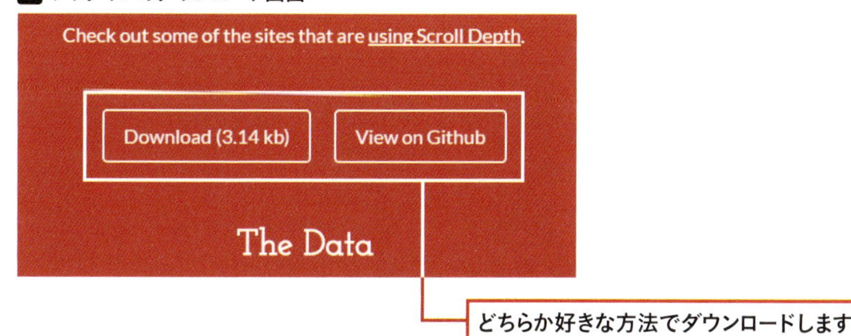

02 「jquery.scrolldepth.min.js」を読み込むための記述

```
<script src="js/jquery.scrolldepth.min.js"></script>
<script>
$(function() {
  $.scrollDepth();
});
</script>
```

Google Analyticsの設定

分析結果の確認

先ほどのScroll Depthを設定するとイベント内にデータが反映されるようになります。この分析結果のデータは、Google Analyticsメニューより［行動］→［イベント］→［上位のイベント］をクリックして見ることができるようになります03。

ただし、このデータは期間中の合計イベント数なので、このままでは各ページの読了率を見ることができません。そのため、ページ毎に読了率が把握できるようにカスタムレポートの設定をする必要があります。

03 分析結果データの確認画面

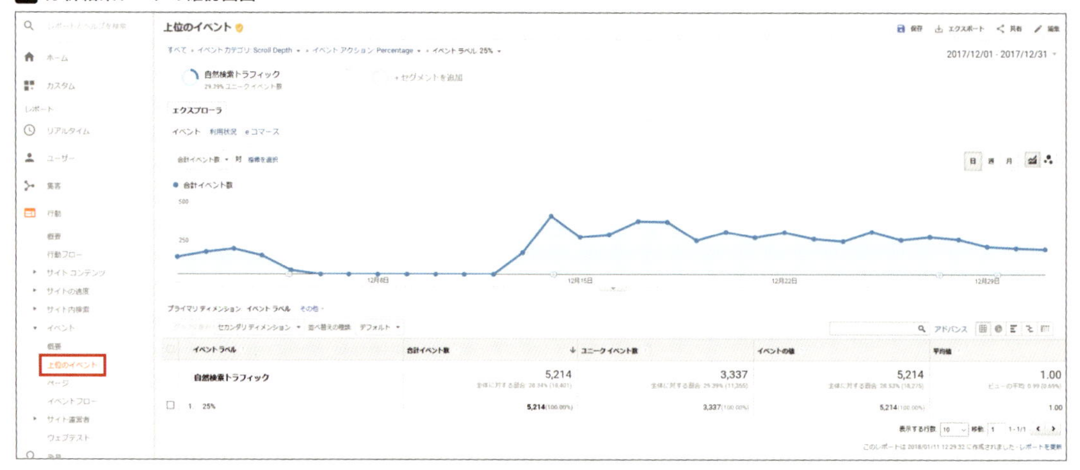

カスタムレポートの設定

カスタムレポートを設定するには、［カスタム］→［カスタムレポート］をクリックし、04の画面を開きます。

そして上から順番に空欄を埋めていきます05。

① ［タイトル］

カスタムレポート一覧で表示させたいレポート名を入力

② ［名前］

デフォルトのレポートタブのままでも構いませんが、複数のレポートを作成する際にはレポート名を入力

③ ［種類］

ここではデータを並べ替えることができる［フラットテーブル］を選択

④ ［ディメンション］

左からページ、ページタイトル、イベント ラベルの3つ

04 カスタムレポートの設定画面

を入力

⑤［指標］

合計イベント数と入力

⑥［フィルタオプション］

05を参考に、まずは［一致：イベントアクション、完全一致：Percentage］と入力してください。次に、［フィルタを追加］を選択し、［一致：ページ、正規表現：分析したいディレクトリパス］を入力します。

最後に［保存］をクリックして作業は完了です。こちらで各ページのスクロール数を見ることができるようになりました。アクセス解析はマーケティング施策において必要不可欠です。ぜひ設定をしておきましょう。

05 各項目の設定

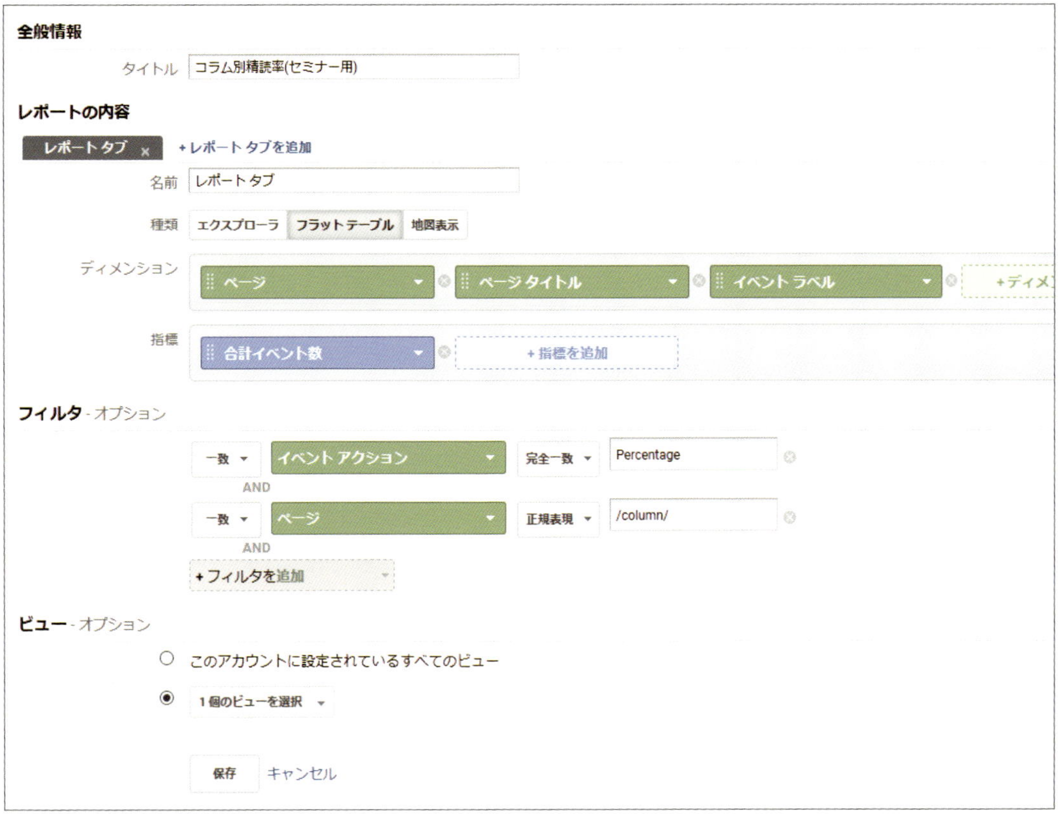

全般情報
タイトル　コラム別精読率(セミナー用)
レポートの内容
レポートタブ　+レポートタブを追加
名前　レポートタブ
種類　エクスプローラ　フラットテーブル　地図表示
ディメンション　ページ　ページタイトル　イベントラベル　+ディメ
指標　合計イベント数　+指標を追加
フィルタ - オプション
一致　イベントアクション　完全一致　Percentage
AND
一致　ページ　正規表現　/column/
AND
+フィルタを追加
ビュー - オプション
このアカウントに設定されているすべてのビュー
1個のビューを選択
保存　キャンセル

11 オウンドメディアに最適なWordPressプラグイン

制作編

ここまでオウンドメディアでおさえておきたいSEOについて紹介をしてきましたが、通常のWebサイトで行うSEOと同様に難しいと感じる方も多いのではないでしょうか？　ただ、筆者のオウンドメディアでもそうなのですがオウンドメディアではCMSを利用するケースが多いと思います。ここからはWordPressで使えるSEOに最適なプラグインを紹介していきます。

WordPressのプラグインとは？

WordPressプラグインとは、一体どのようなものか簡単に説明しておきます。プラグインとは、「ソフトに機能追加するための小規模なプログラム」のことで、一般的にソフトウェアに対して機能を追加したいときに利用されます。WordPressのプラグインはWordPress上で簡単に機能追加ができるため、手軽に利用したいSEO機能を構築できるということです。プラグインの簡単な理解ができたところで、いよいよおすすめのWordPressプラグインの紹介を始めます。

All in One SEO Pack

WordPressサイト立ち上げ時に、必ずインストールしてほしいプラグインとして「All in One SEO Pack」があります。

All in One SEO Packをインストールすれば、titleタグやh1の見出しタグ、meta descriptionをページ別に設定することができます。WordPressの初期の標準テンプレートを確認すると、meta descriptionやmeta keywordsが設定項目として存在しません。そのため、SEOを行う上で必須のプラグインと言っても過言ではありません。

All in One SEO Pack

Breadcrumb NavXT

WordPressのユーザビリティ（サイト内の利便性）を向上させるためには、「Breadcrumb NavXT」のプラグインがおすすめです。

Breadcrumb NavXTをインストールすることで、現在の位置情報を視覚化できるパンくずリストを追加できるため、サイト内でのユーザーの満足度が向上し、結果的に検索順位が向上します。通常、個別にパンくずリストを設置していく必要がありますが、Breadcrumb NavXTのプラグインを利用することで、パンくずリストを自動生成することができます。

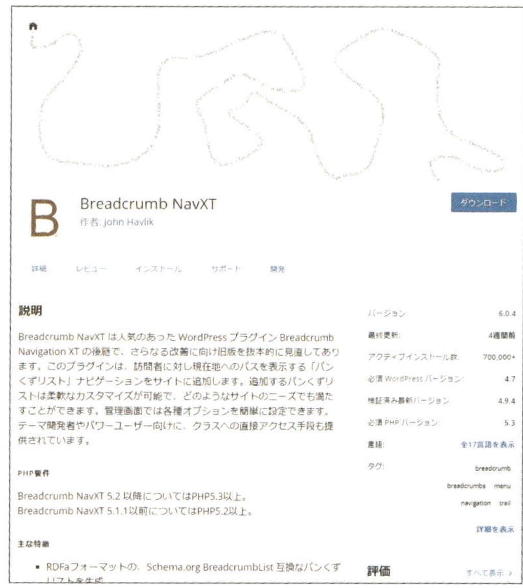

Breadcrumb NavXT

WP Super Cache

WordPressに大量のアクセスが得られるようになると、大きな力を発揮するのが「WP Super Cache」のプラグインです。

WordPressの標準仕様では、訪問者がサイトに流入するごとに閲覧可能なWebページを生成することになります。しかし、WP Super Cacheをインストールすれば、以前に生成したWebページのキャッシュが利用されるようになり、訪問者が訪れるたびにページを生成する必要がなくなります。その結果、ページの表示速度が高速化できるためSEOにも大きな効果があります。

WP Super Cache

Broken Link Checker

WordPressサイトを長期間運営していると時間の経過とともにエラーページやリンク切れ、修正・改善が必要なページが表れます。そのようなページを目視で1ページずつ確認していると時間がいくらあっても足りません。

「Broken Link Checker」のプラグインを利用すれば、サイトのリンク切れの通知機能や修正機能が利用できるためサイト上の問題を自動的に検知し改善できます。

Broken Link Checker

Category Order and Taxonomy Terms Order

記事コンテンツの作成が完了した場合、いよいよサイト上で公開することになります。その際、カテゴリーを作成し、記事の内容ごとに投稿先を分類していくと思います。WordPressに標準搭載されたカテゴリーは、アルファベット順や作成した日付順に並ぶことなく、名前の昇順によって並ぶため、自分が思うようにカテゴリーを表示させることができません。そのようなカテゴリーの並び順の問題を解決するのが「Category Order and Taxonomy Terms Order」と呼ばれるプラグインです。

Category Order and Taxonomy Terms Orderをインストールすれば、ドラッグ&ドロップで管理画面から簡単にカテゴリーを並び替えることができます。他にも、カスタムタクソノミーの順番も入れ替えられるため、自分が使いやすいWordPress構造を作りあげることができます。

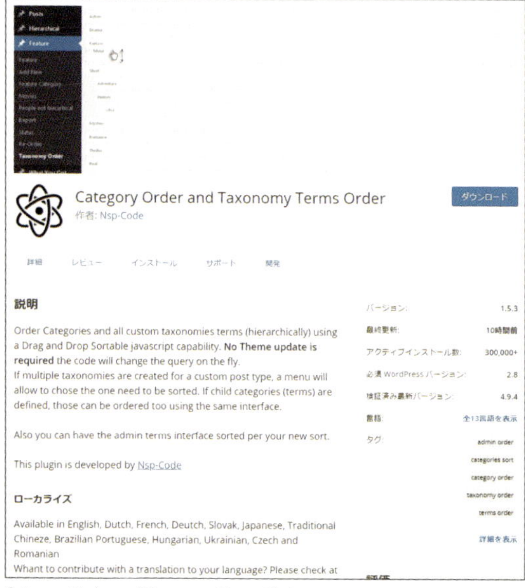

Category Order and Taxonomy Terms Order

Google XML Sitemaps

Googleの検索エンジンに作成した記事コンテンツを評価してもらうためには、サイトマップが絶対に必要です。SEO対策のためとはいえ記事を公開するたびに、サイトマップを更新していくのは、非常に手間でしょう。

そんな問題を解決してくれるのが、「Google XML Sitemaps」というプラグインです。Google XML Sitemapsをインストールすれば、サイトマップが自動的に生成されるため、記事公開のたびに手動で更新する必要がなくなります。他にも、検索エンジンに評価してほしいページを指定する機能やサイトマップ生成後に自動的に検索エンジンに通知する機能があるため、SEOをする上でもインストール必須のプラグインです。

Google XML Sitemaps

Table of Contents Plus

WordPress上に記事コンテンツを公開する際、ユーザビリティーの向上のためにも、目次を表示させておくことをおすすめします。「Table of Contents Plus」と呼ばれるプラグインを利用すれば、自分で作成しなくても、記事の目次を自動的に生成してくれます。

今まで目次の作成のために手動でアンカーリンクを張ることで対応していたのであれば、大きく手間が省けます。目次があれば、訪問者が事前にコンテンツの内容を把握できるため精読率を上げていくことができます。

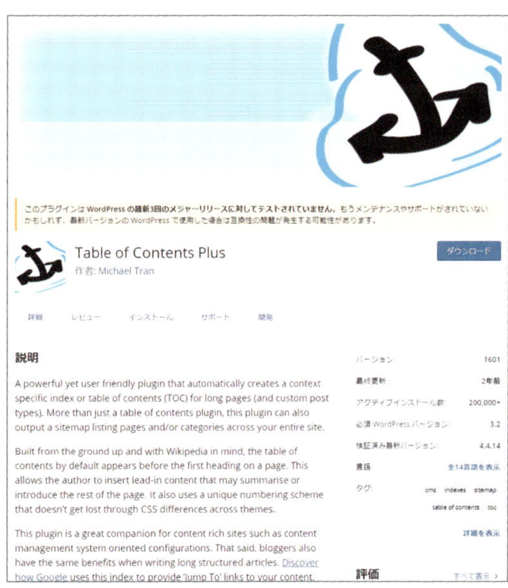

Table of Contents Plus

AdSense Manager

オウンドメディアでマーケティング効果を高めるためには次のステップとなる行動を喚起させるバナー広告を任意の場所に表示できる仕組みが必要でしょう。

「AdSense Manager」をインストールすれば、WordPressに標準搭載されているテンプレートを改変しなくても、手軽にCTAバナーを呼び出し表示させることができます。名前から分かるように、WordPress上でアドセンス広告を任意の場所に表示させる際に頻繁に利用されるプラグインで、記事ごとにバナーの形やサイズ、位置を変更できるため、自由なバナー運用を実現できます。

AdSense Manager

Contact Form 7

「Contact Form 7」はフォームに関するプラグインです。「お問い合わせページ」や「サンクスページ」をWordPress上に表示させるためには、ある程度の技術を持ったエンジニアに仕事を依頼しなければいけません。

しかし、Contact Form 7を利用すれば、アンケートフォームやお問い合わせフォームなどが手軽に作成できるようになります。Contact Form 7のインストールが完了したら、フォーム名を設定し、表示させたい入力項目を順番に設定します。すると、WordPress上で利用できるHTMLコードが完成するので、これを公開するとフォームを表示させることができます。

Contact Form 7

WebSub/PubSubHubbub

Googleの重要人物としても知られるマット・カッツ氏が、「WebSub/PubSubHubbub」と呼ばれるプラグインを推奨していることをご存知でしょうか？

WebSub/PubSubHubbubをインストールすると検索エンジンに対して、目的のURLが素早くインデックスされるようにプッシュ通知してくれます。記事作成後、早い段階でインデックスしてもらうことができればオリジナルコンテンツとして高く評価してもらえるようになります。

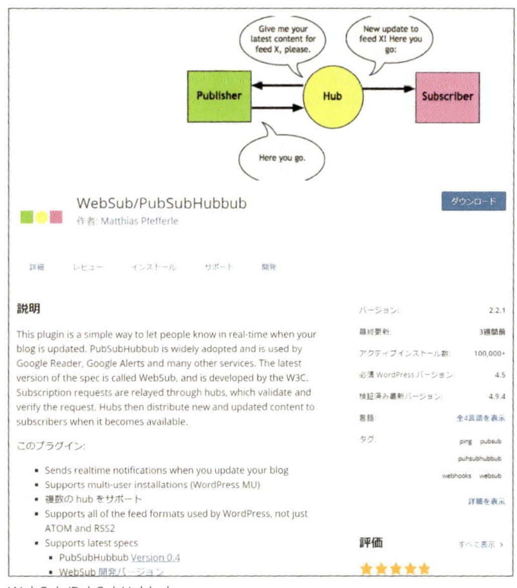

WebSub/PubSubHubbub

Head Cleaner

WordPressを運用していて表示速度が遅いと感じた場合は、表示速度を最適化できる「Head Cleaner」と呼ばれるプラグインを利用しましょう。Cleanerをインストールすると、JavaScriptやCSSと呼ばれる容量の大きなファイルを整理することができます。

ちなみに、JavaScriptを利用すると、WordPressサイト上で動きをつけることができ、一方のCSSを利用すると、構造的なデータに対してデザインやレイアウトを与えることができます。自分でJavaScriptやCSSを修正することで高速化できますが、Head Cleanerを利用すれば自動的にコードの整理が完了します。表示速度を上げることができれば、Googleの検索エンジンからも評価が高くなり、直帰率を下げることができるためおすすめです。

Head Cleaner

SEO Friendly Images

サイトを巡回していたとき、画像にカーソルを乗せると突然説明テキストが表れたという経験はないでしょうか？　実は、画像にキーワードを入れることでSEO対策ができます。

「SEO Friendly Images」を利用すれば、<alt>や<title>などの画像タグを追加できるため、将来的にGoogleの画像検索から安定したアクセスが得られるようになります。自動的に<alt>タグや<title>タグを追加してくれるため、画像に対して毎回個別に設定する手間が省けます。

SEO Friendly Images

PB Responsive Images

WordPress上で公開されるコンテンツは、基本的にデバイスごとに最適化されたものでなければいけません。パソコンユーザー向けに画像データを公開してしまうと、スマートフォンユーザーが快適にコンテンツを閲覧することができません。

逆にスマートフォンユーザー向けに画像コンテンツを公開すると、今度はパソコンユーザーが閲覧時に困ることになります。「PB Responsive Images」と呼ばれるプラグインをインストールすれば、訪問者のデバイスに合わせてWordPress上のコンテンツをレスポンスイメージに変換することができます。つまり、スマートフォンやパソコン、タブレット端末など、訪問者に合わせたデバイスの画像が公開できます。画像解像度を調節できるプラグインを利用すれば、WordPressサイトへの訪問者に対して快適な閲覧体験を提供することにもつながり、離脱率を下げることができます。

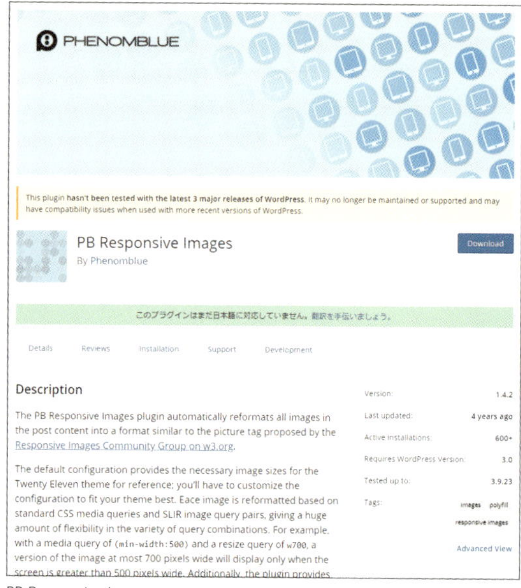

PB Responsive Images

Imsanity

WordPressに画像をアップロードするとき、画像サイズを整えるリサイズという作業をしっかりと行っているでしょうか?

最近はスマートフォンやデジカメなどで、手軽に画像が撮影できるようになりました。画像をそのままWordPress上にアップロードすると、どうしても画像の大きさが違うため、文章コンテンツが読みづらくなります。また、大きい画像は、データの容量を増加させ表示速度を低下させる原因となってしまいます。「Imsanity」をインストールしておけば、大きすぎる画像については自動的にリサイズしてアップロードしてくれるため、Photoshopなどでリサイズする手間が省けます。

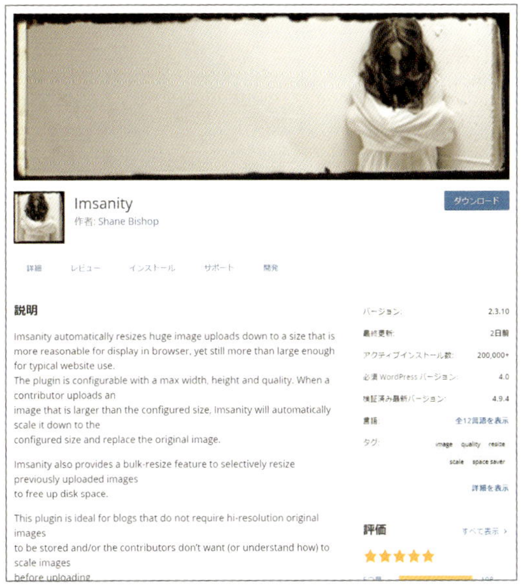

Imsanity

Hammy

WordPressサイト上でスマートフォン端末を利用してコンテンツを表示する際に大きな問題となるのが、読み込み速度の遅さでしょう。

スマートフォン端末は、デスクトップなどのパソコン端末と比べて画面が小さく処理能力の低いにも関わらず、デスクトップ版と同様のファイルを読み込むため、表示がどうしても遅くなります。「Hammy」のプラグインをインストールすることで、次のような読み込み表示方法が実現できます。

デバイス幅に合わせた画像サイズ

- パソコン端末 ………… 大サイズ
- タブレット端末 ……… 中サイズ
- スマートフォン端末 … 小サイズ

Hammyは、モバイルでのサイトの表示速度を劇的に改善できるため、まだ導入していないのであれば今すぐインストールすることをおすすめします。

Hammy

AddToAny Share Buttons

WordPressサイトを運営するなら、ソーシャルメディアで情報を拡散してもらえるようなシェアボタンを表示させる必要があります。

実は、「AddToAny Share Buttons」と呼ばれるプラグインをインストールすると、世界中のSNSやソーシャルブックマーク、通話アプリなど100以上のサービスに対応することができます。日本でもアプリケーションの利用者が多い「LINE」や「はてなブックマーク」にも対応しているため、ユーザーが共有したいと思う方法で、自由に情報を拡散してもらえます。

表示させるシェアボタンですが、表示の順番や表示の内容、表示サイズは自由に変更できるため非常にカスタマイズ性が優れています。また、画面の横でシェアボタンをフローティングさせる機能もあり、縦横など表示方法の変更が自由に行えます。

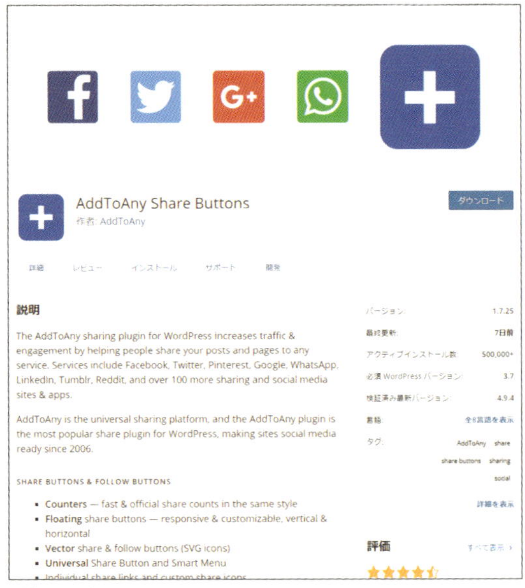

AddToAny Share Buttons

WP-Optimize

WordPressサイト上のデータベースは、定期的にクリーンアップしないと不必要なデータによって使える容量が減少してしまい、表示速度を低下させるような問題を引き起こしてしまいます。

そのような問題を予防するためにはデータベースを定期的に掃除し、余分なデータが増加するのを防ぐ必要があります。「WP-Optimize」と呼ばれるプラグインをインストールすると、データベースを自動的にクリーンアップすることができます。クリーンアップを実行するとデータベースが軽量化されるため、サイトの表示速度を上げることができます。

WP-Optimize

CHAPTER

5

コンテンツ制作と運用

コンテンツマーケティングを既に取り組んでいる方からお話を伺う機会も多いのですが、「コンテンツを制作しても流入が増えない」というお悩みをよく聞きます。せっかくよい内容のコンテンツを制作しても、ユーザーに読んでもらえなければ、意味がありません。手間暇かけて作ったコンテンツが誰にも読まれないことは、とても悲しいですよね。では、ユーザーに見つけてもらえるコンテンツと、見つけてもらえないコンテンツにはどのような違いがあるのでしょうか。このCHAPTERでは、多くの人に見てもらえるコンテンツの作り方をご紹介していきます。

01 検索ニーズを調査する

制作編

ユーザーに見つけてもらうコンテンツを作る際に大切なのは、「検索エンジンとユーザー双方から評価される」ように制作することです。ユーザーが求めていない情報を提供しても、誰も見向きもしないでしょう。一方で、ユーザーに評価されるコンテンツを作れても、検索エンジンに評価されなければユーザーはそのコンテンツを見つけることができません。

ユーザーだけでなく、検索エンジンのことも考える

Googleなどの検索エンジンに評価されるためには、豊富な情報量はもちろん、タイトルやコンテンツ内容にコンテンツのテーマを示す関連性の高いキーワードを適切に含めることが重要です。

記事の企画を行う際は、「ユーザーが求めている情報であるか」という点に加え、「ユーザーはどんなキーワードからこのコンテンツにたどり着いてくれるのか」という視点も持ち、そのキーワードを必ずタイトルに含めて「検索エンジンからも評価されるタイトル」を作成しましょう。

「ユーザーはどんなキーワードからこのコンテンツにたどり着いてくれるのか」を考える際に重要なのは、キーワードの検索ニーズです。タイトルを作る前に、まずはキーワードの検索ニーズを調査してみましょう。

Google Analyticsから検索ニーズを調べる

すでにオウンドメディアを運用している場合や、同様のコンテンツを扱うサービスサイトがある場合、ユーザーがどのような検索キーワードからサイトに流入してきているのかを調べることができます。

●サイト全体の流入キーワード

Google Analyticsの[集客]→[すべてのトラフィック]→[チャネル]→[プライマリディメンション]にある[Organic Search]を表示すると、自然検索経由の流入キーワードがわかります 01 02。このように、オーガニック検索から流入キーワードを調べることで、ユーザーがどのようなニーズを持って自社サイトに訪れたかイメージすることができます。

01 自然検索経由の流入キーワードを調べる

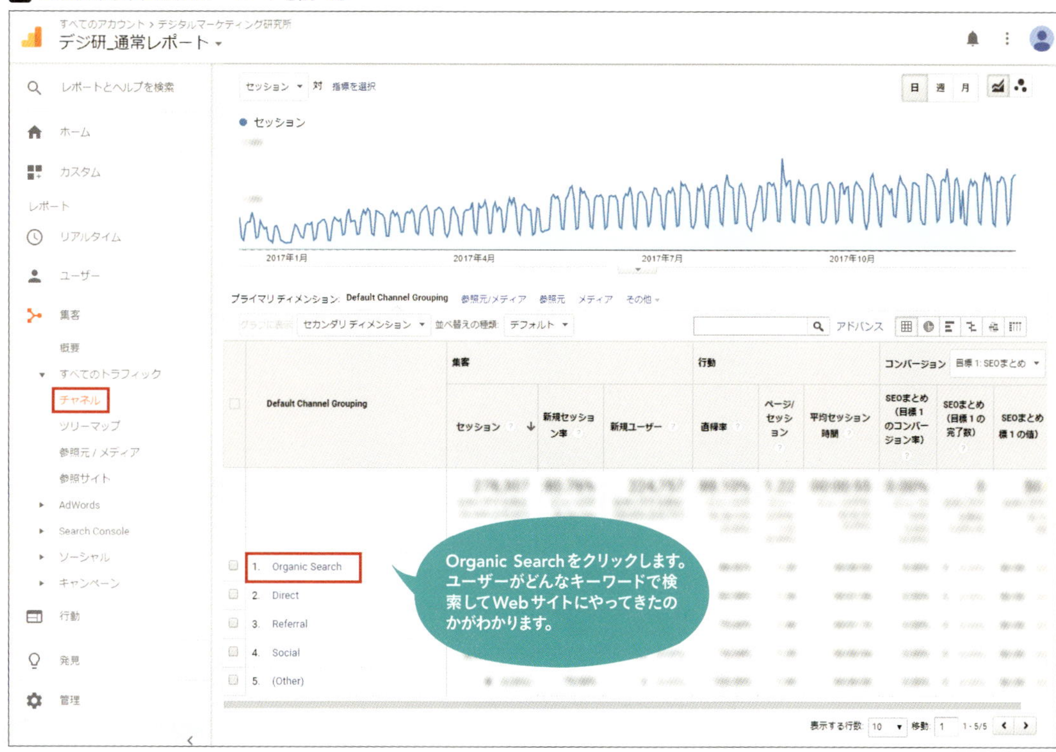

［集客］→［すべてのトラフィック］→［チャネル］→［プライマリディメンション］にある［Organic Search］をクリック。

02 Organic Searchの結果

1. (not provided)
2. 404 not found
3. 301リダイレクト
4. バイラルメディア
5. seo対策
6. 301リダイレクト
7. amazon
8. seo
9. ホワイトハット
10. meta name="robots"

取得できないキーワード

(not provided) や (not set) は、SSL化により流入キーワードが不明となっているものに出ます。このようになっているキーワードは、残念ながら取得することができません。

特定のコンテンツの流入キーワード

また、特定のコンテンツの流入キーワードを調べることもできます。

左メニューの［行動］→［サイトコンテンツ］→［ランディングページ］を選択し、［自然検索トラフィック］の流入キーワードが知りたいコンテンツをクリック、［セカンダリディメンション］で［キーワード］を選ぶと、特定のコンテンツの流入キーワードが表示されます03。

セッションが多いページやCVが多いページなど、ユーザーが気になる情報が載っているページから、深掘りできるテーマはないか、探してみましょう。

03 特定のコンテンツの流入キーワードを調べる

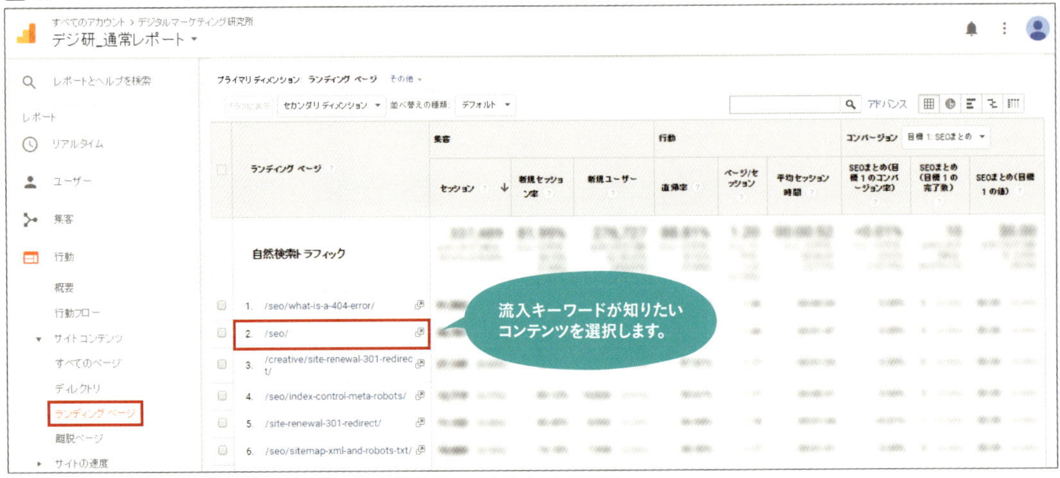

［行動］→［サイトコンテンツ］→［ランディングページ］→［自然検索トラフィック］でコンテンツを選択。

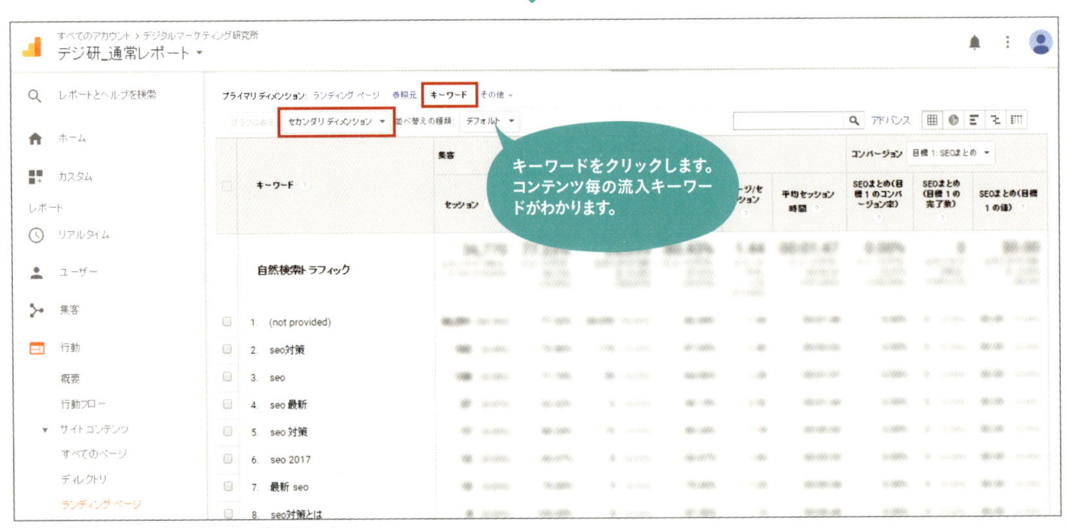

［セカンダリディメンション］で［キーワード］をクリック。

Google キーワードプランナーから検索ニーズを調べる

また、世の中の検索ニーズを知るためには、Googleが出している「キーワードプランナー」というツールが最もメジャーです。キーワードを入力すると、関連するキーワードを一覧で表示してくれます04。

Google AdWords キーワードプランナー
http://adwords.google.co.jp/KeywordPlanner

基本的には、メインキーワードを一つ入力して、検索ボリュームを調査しつつ、関連キーワード一覧の中からターゲットキーワードを深掘りしていくとよいでしょう05。

月間平均検索ボリュームとは?

月間平均検索ボリュームとは、キーワードに対してユーザーが月にどのくらい検索を行うのかをあらわした数値です。Google キーワードプランナーは、関連キーワードを抽出できるだけでなく、キーワードの検索ボリュームを見ることができる非常に便利なツールですが、2016年8月から仕様変更が始まり、Google AdWordsに広告出稿していないと検索ボリュームの正確な数値が取得できなくなっています。

04 キーワードプランナー

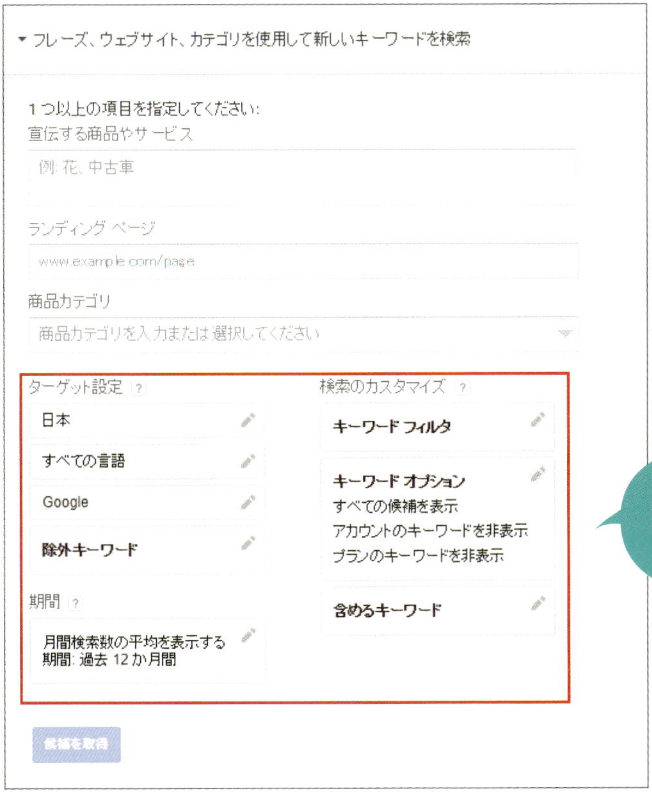

「除外キーワード」や「含めるキーワード」を設定し、キーワードプランナーを使いこなしましょう。

05 キーワードプランナーでの検索結果

検索語句	月間平均検索ボリューム	競合性	推奨入札単価	広告インプレッションシェア	プランに追加
水着	246,000	中	¥43	–	»

表示する行数: 30 ▾ 1 個のキーワード中 1~1 個を表示

キーワード(関連性の高い順)	月間平均検索ボリューム	競合性	推奨入札単価	広告インプレッションシェア	プランに追加
水着 通販	60,500	高	¥51	–	»
水着 人気	22,200	高	¥39	–	»
水着 安い	18,100	高	¥41	–	»
ビキニ	60,500	低	¥25	–	»
水着 レディース	8,100	高	¥41	–	»
ビキニ 通販	5,400	高	¥36	–	»

また、検索ボリュームの傾向を知ることもできます。季節性のあるキーワードは、出現率の高い月の3カ月前くらいから企画すると制作・アップのタイミングを合わせられるでしょう**06**。

例えば「水着」は6月から8月に需要があります。コンテンツの準備は春頃から始める必要がありますね。

水着はわかりやすいですが、以外な「旬」を持つキーワードもありますので、検索ボリュームの傾向を調べることは重要です。

06 検索ボリュームの傾向

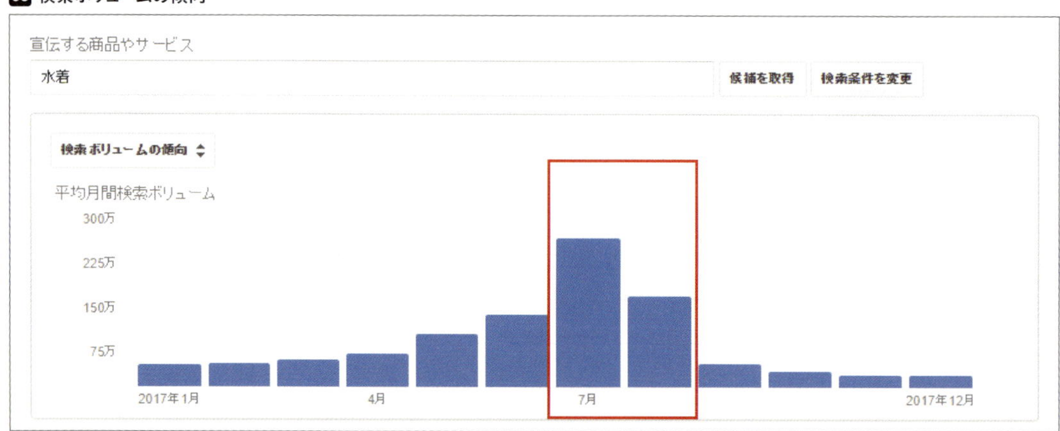

サジェストツールから検索ニーズを調べる

次に紹介するのは「サジェストツール」です。検索エンジンに備わっているサジェスト機能とは、検索したキーワードと一緒に調べられている関連キーワードを予測してくれる機能です07。キーワードのイメージをふくらませるために活用しましょう。

サジェストツールはたくさんありますが、初めて使用される方は、キーワードを選択してコピーしやすい「Übersuggest」と、検索ボリュームも調べられる「キーワードプランナー」がおすすめです。ツールによってそれぞれ特徴がありますので、自分が使いやすいツールを見つけてみましょう。

07 サジェスト機能の例

ここでは、Übersuggestの使い方を紹介します。まず、検索したいキーワードを入力して、言語の中から「Japanese」を選択します08。次に「Google Suggest」にチェックを入れると、設定したメインキーワードを使った掛け合わせキーワードがいくつか表示されます09 10。このとき「Google Keyword Planner」にチェックを入れるとメインキーワードに関連性のあるまったく別のキーワードも表示されるため、注意しましょう。

08 Übersuggest

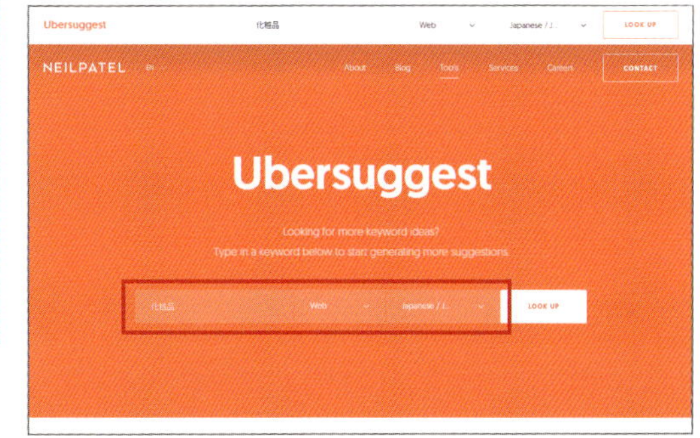

ここでは「化粧品」で検索してみましょう。

09 検索結果画面

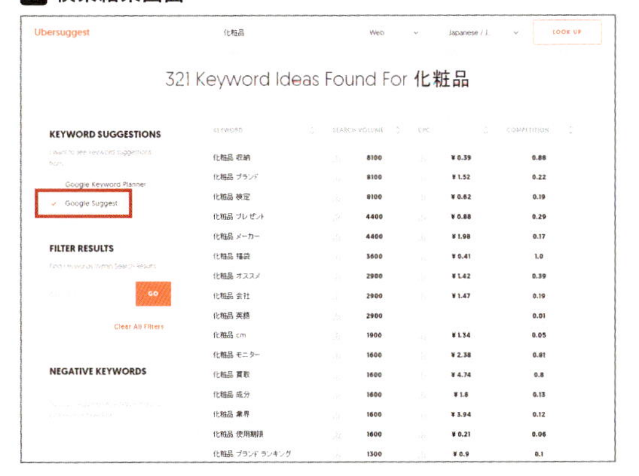

10 キーワードのダウンロード

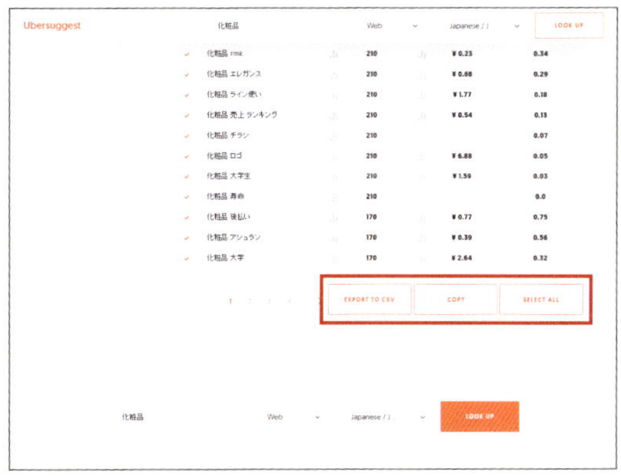

選択したキーワードのみダウンロードすることもできます。

02 コンテンツタイプを明確にする

コンテンツとひとくくりに言っても、いろいろなタイプのコンテンツがあります。コンテンツのタイトルや中身を決める前に、目的や役割に合わせてコンテンツタイプを明確にしておきましょう。コンテンツタイプを明確にしないままコンテンツを作ると、タイトルと内容がアンマッチなコンテンツが出来上がってしまいます。まずは作りたいコンテンツのイメージをしっかりと定めましょう。

コンテンツタイプ① 見込み客を集めてくる（潜在層へのリーチ）

- ユーザーの課題を解消するような「お役立ちコンテンツ」
- SNSで拡散されるような「バズるコンテンツ」

など

「お役立ちコンテンツ」であれば、自然検索で上位表示されることが必須条件です。SEOの観点からタイトルごとに主要キーワードを設定し、どのようなキーワードから流入が見込めるのかを逆算してタイトルを設計することが効果的です。

ユーザーの疑問を解決するノウハウ・コツ系のコンテンツは、とても需要があります。ユーザーがどのような疑問を持っているのかを知るために、Yahoo!知恵袋や、教えて！goo、発言小町などを参考にしてみましょう。意外な疑問やキーワードが見つかることがあります。

一方、SNSでの拡散を狙った「バズるコンテンツ」を作りたいのであれば、流入の見込めるキーワードの設定よりも、どんな切り口や言葉であればユーザーが興味を持ちクリックしてくれるのか、という点に気を配るべきでしょう。

トレンドチェックツール 01 やキュレーションサイトから、今何が流行しているのか知ることができます。バズるコンテンツ制作のヒントになるかもしれません。

01 Google トレンド

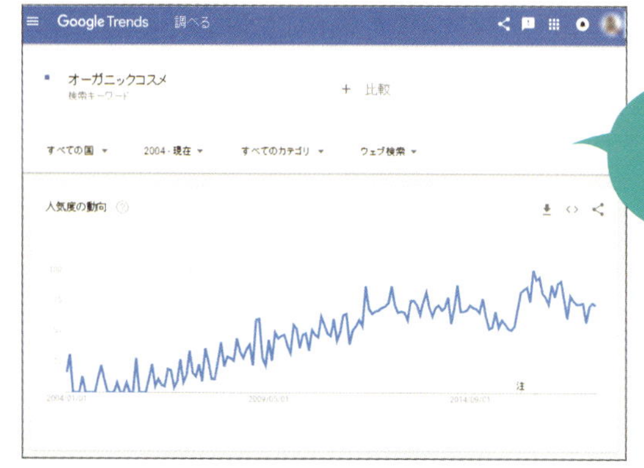

Google トレンドにキーワードを入れると、人気度の傾向を知ることができます。
期間の指定もできます。

Googleトレンド
https://www.google.co.jp/trends/

コンテンツタイプ② 顧客の検討具合の引き上げ（顕在層への引き上げ）

- 商品やサービスの詳細を紹介する「サービス紹介コンテンツ」
- レビューや成功事例などの「お客様の声コンテンツ」 など

「サービス紹介コンテンツ」は、サービスに関連するビッグキーワードで上位表示をする必要があるため、SEOの要素が必要不可欠なコンテンツです。下層ページに「お役立ちコンテンツ」をぶら下げると、ユーザーにとってわかりやすく、検索エンジンにとっても、たくさんのコンテンツがぶら下がる重要なコンテンツという認識になります。

また、BtoCであればレビューや、BtoBであれば成功事例などの「お客様の声コンテンツ」は、検討が進むに連れて効力を発揮するコンテンツです。このコンテンツは自社で好きに作成することは難しいですが、レビューを集めるために商品の割引を用意したり、成功事例の掲載許可をいただくためにサービスで優遇を行ったり、数を増やすための試みをしてみましょう。

コンテンツタイプ③ 既存顧客のファン化（ブランディング・顧客満足度向上）

- 料理に関係するサービスなら「レシピコンテンツ」
- サービス担当の顔を出した「担当者紹介コンテンツ」など

ブランディングや顧客満足度向上のためのコンテンツや、業種や商材によってさまざまですが、営業担当から「お客様によく聞かれる内容」をヒアリングしたりすると、意外な課題が見えてきたりします。

コンテンツタイプによるタイトルの違い

さて、ここで一つ例を挙げてみましょう。今話題の「マヌカハニー」02～05をテーマにコラムのタイトルを考えてみました。

- マヌカハニーとは？化粧品にも使われるマヌカハニーの効果・効能
- 砂漠みたいなガサガサ肌がもち肌に！マヌカハニーの効果がやばい

どちらも「マヌカハニーの効果」に関する記事内容ですが、記事の目的がちょっと違います。

「マヌカハニーとは？化粧品にも使われるマヌカハニーの効果・効能」の方は、SEOを意識してマヌカハニー関連のキーワードを盛り込んでみました02。

「マヌカハニー」以外に、「マヌカハニーとは」「マヌカハニー 効果」「マヌカハニー 効能」「マヌカハニー 化粧品」という4つの複合キーワードをタイトルに含んでいます。それぞれのキーワードには、4,400回～260回の月間平均検索ボリュームがあるため、うまくいけばこのキーワードからの自然検索経由の流入が見込めるでしょう。

一方で「砂漠みたいなガサガサ肌がもち肌に！マヌカハニーの効果がやばい」は、ユーザーがSNSでクリックしたくなるような言葉選びを意識してタイトルを作成しました。「乾燥肌」よりも「ガサガサ肌」、さらに「砂漠のような」という比喩表現でユーザーの焦燥感っています。また、ターゲットを若い女性に絞ぼり、「やばい」「もち肌」という軽い表現の言葉を使ってみました。

このようにタイトルはコンテンツの目的やターゲット像によって、内容もトーンアンドマナーも変わります。何を目的としてコンテンツを作成するのか、まずはしっかり再確認しましょう。

02 マヌカハニー関連のキーワード

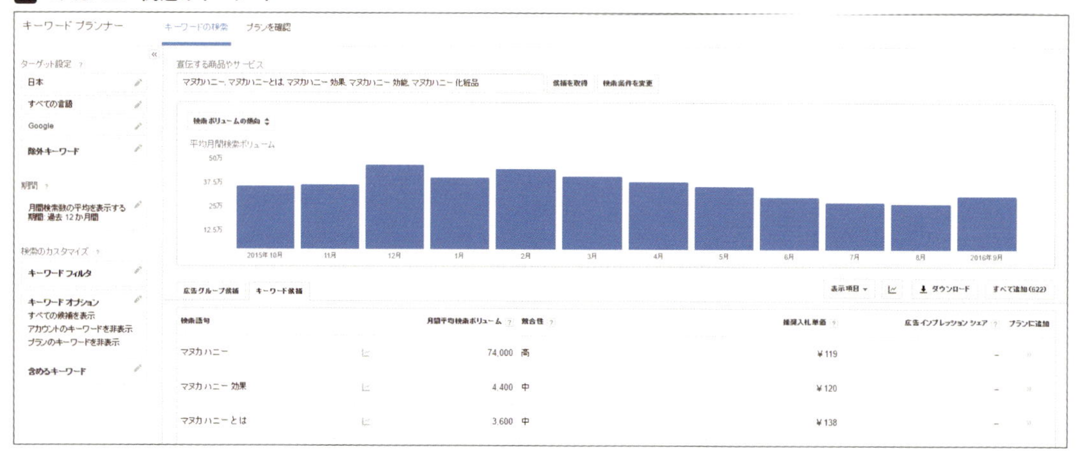

03 コンテンツタイプ①例

マヌカハニーに関するお役立ちコンテンツなど。

04 コンテンツタイプ②例

マヌカハニーの商品コンテンツやレビューなど。

05 コンテンツタイプ③例

レシピコンテンツなど。

03 タイトルを作成する

制作編

コンテンツのタイトルは、検索エンジンにテーマが伝わりやすいだけでなく、ユーザーが読みたくなるような魅力的なタイトルであることも必要です。ユーザーにとって魅力的なタイトルにするためのコツをいくつか紹介します。

①ターゲットキーワードを決める

タイトルを作成するときは、まずコンテンツのテーマとなる「ターゲットキーワード」を決めます。1つのコンテンツに対して複数のメインキーワードを設定すると、コンテンツの内容がぶれたり、上位表示することが難しくなったりするため、1つのコンテンツに対してメインキーワードは1つとなるようにしましょう。

②関連キーワードをひたすらピックアップ

ターゲットキーワードを決めたら、そのキーワードで検索するユーザーは、他にどのようなキーワードで検索するのかひたすら想像し、Googleキーワードプランナーで本当に需要があるかどうか定量的に調べます。

検索ニーズを調べたときと同様に、同じテーマの記事を読み、気になる単語を調べてみたり、サジェストツールで表示されたキーワードの中から一緒に検索されそうなキーワードを探してみたりしてみましょう。

③キーワードを組み合わせて文章にする

タイトルの文字数が全角30字程度という制約があるため、文字数的に含められるキーワードの上限は5個程度です。キーワードというパーツをパズルのように組み立てる感覚でタイトルを作成していきます。また、メインキーワードはタイトルの先頭に含ませるようにしましょう。

●キーワード掛け合わせツール

表記ゆれのキーワードの掛け合わせを作りたいときや、「サービス×地域」の一覧表など特定のキーワードだけ入れ替えたキーワードの掛け合わせを簡単に作りたいときは「キーワード掛け合わせツール」を利用します01。

キーワードを掛け合わせたら、キーワードプランナーで検索ボリュームを調べ、検索ボリュームが多い掛け合わせを優先的に利用しましょう02。

01 キーワード掛け合わせツール

keys1	keys2	keys3
30代 40代	化粧品 メイク	※ここに3語目を入力

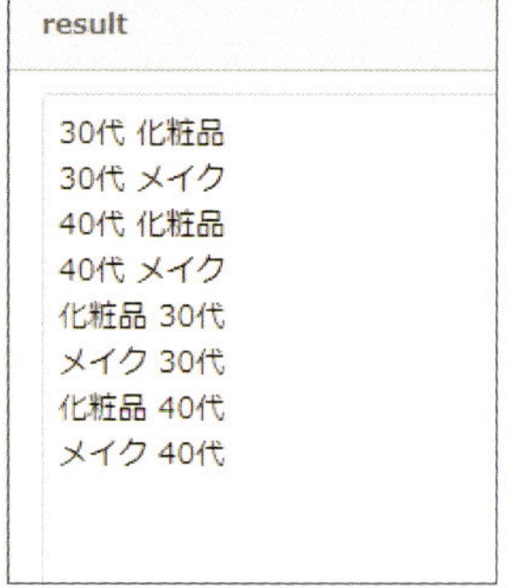

キーワード掛け合わせツール
http://sem-cafe.jp/tools/keywords1

02 キーワードプランナー

検索語句	月間平均検索ボリューム	競合性	推奨入札単価	広告インプレッションシェア	プランに追加
40 代 メイク	5,400	低	¥64	–	»
30 代 メイク	4,400	低	¥54	–	»
40 代 化粧品	1,900	高	¥181	–	»
30 代 化粧品	1,000	中	¥206	–	»
メイク 30 代	880	低	¥54	–	»
メイク 40 代	720	低	¥219	–	»
化粧品 40 代	170	高	¥197	–	»
化粧品 30 代	140	中	¥183	–	»

キーワードプランナーで検索ボリュームを調べ、検索ボリュームが多い掛け合わせを優先的に利用しましょう

④タイトル作成

さて、ここまでの作業を繰り返したら、有効なキーワードが洗い出せたと思います。ここからはキーワードを組み合わせながら、実際にタイトルを作成していきましょう。

SERP（検索結果）シミュレーター

タイトルを考えるときに便利なのが、SERP（検索結果）シミュレーターです03。

［タイトル（Title）］の部分にテキストを入力すると、Googleの検索画面のように表示してくれるという優れもの。客観的にタイトルを見ることができるため、作ったタイトルをまずは入力してみて、語呂の悪さやタイトルの分かりにくさを感じてタイトルを微調整することができます。

また、このツールは本当の検索画面同様、文字数が全角30字を越えると省略されるため、文字数カウントにも便利です。

SERP（検索結果）シミュレーター
http://www.roundup-consulting.jp/yahoo-google-snippet-tool/

03 SERP（検索結果）シミュレーター

シミュレーションデバイス選択　PC ◉ Mobile ○

タイトル（Title）　24
40代のメイク術！マイナス5歳に見える化粧品特集

リッチスニペットテキスト　日付

メタ説明文（Description）　138

URL

すべて　画像　動画　地図　ニュース　ショッピング　もっと見る ▼

Google　Search

約 9,641,700 件（0.36 秒）

ウェブ活用の第一歩を支援：ラウンドナップWebコンサルティング
https://www.roundup-consulting.jp/
代表取締役社長／コンサルタントの中山陽平（中小企業を中心に500社以上の経験）が全て対応。「ウェブを活用できない企業をゼロに」がミッション。お悩みすべて解決します。初心者から専門家まで幅広くご活用。サイト作成、SEO、コンテンツ活用、メール ...

40代のメイク術！マイナス5歳に見える化粧品特集
ここに入力したURLが入ります
ここに入力したリッチスニペットテキストが入ります
- ここに入力した説明文（メタタグのDescriptions）が入ります。

魅力的なタイトル作成のコツ

SEOを意識した適切な文字数にする

SEOを意識しながらタイトルを作成する場合は、全角30字程度に収めることをおすすめします。最大でも全角35字以内（70バイト）に収めるよう努力しましょう。これは、検索エンジンで検索したときに、タイトルが省略されることを防ぐためです04。

04 検索エンジンでのタイトルの表示例

すべて　動画　画像　ニュース　ショッピング　もっと見る　設定　ツール

約 20,400 件（0.46 秒）

【直帰率改善】ページの直帰率を下げて、サイト内を回遊させるため ... - デジ研

https://digital-marketing.jp › SEO › SEO記事一覧

2018/01/12 - サイトなどを運営する中で、よくKPIとして設定されるのは【流入数】や【問い合わせ・購入数】ですが、コンテンツマーケティングが注目されている昨今では【直帰率】も設定すべきKPIの一つです。今回はそもそも直帰率とはどのような数値で、その数値が高い理由や問題点は何なのか、どんな改善方法があるのかをご紹介します。

タイトルに含めるキーワードを欲張って長くしすぎてしまうと、…と省略され、全文が表示されなくなってしまいます。

検索ボリュームをきちんと考慮する

同じようなキーワードを使用しても、検索ボリュームが違うこともあります。検索ボリュームが多いということは、検索しているユーザーが多いということです。思わぬ機会損失とならないよう、タイトルに含めるキーワードは、きちんと検索ボリュームを考慮して設定しましょう。

①似たようなキーワードでいくつか検索し、検索ボリュームが大きい組み合わせを探す

	検索キーワード	検索ボリューム		検索キーワード	検索ボリューム
○	オーガニックコスメ	9,900	×	自然派コスメ	260

②前後を入れ替えたキーワードは検索ボリュームが大きい方を優先する

	検索キーワード	検索ボリューム		検索キーワード	検索ボリューム
○	40代 化粧品	1,900	×	化粧 40代	170

③表記ゆれで検索ボリュームが変わるため注意

	検索キーワード	検索ボリューム		検索キーワード	検索ボリューム
○	流行り メイク	2,900	×	ハヤリ メイク	0

④スペース有り無しで検索ボリュームが変わるため注意

	検索キーワード	検索ボリューム		検索キーワード	検索ボリューム
○	オーガニックコスメとは	140	×	オーガニックコスメ　とは	30

⑤検索ボリュームが多くてもターゲットが特定できないキーワードは避ける

	検索キーワード	検索ボリューム		検索キーワード	検索ボリューム
○	化粧ポーチ	33,100	×	収納	40,500

ターゲットを明確にする

誰にでも当てはまる無難なタイトルより、ターゲットに響くタイトルにしましょう。タイトルを読んだだけでターゲットがわかるようにすることで、よりターゲットにとって訴求力の高いコンテンツにすることができます。

○	30代は肌ツヤが命！30歳からはじめるエイジングケア	×	肌ツヤを良くするためにはじめるエイジングケア

タイトルに数字を入れる

タイトルに数字を入れることで、ユーザーの目をひいたり、内容の信憑性を高める効果があります。実績値が数字としてわかる場合は、タイトルに具体的な数字も入れてみましょう。また、「◯つのコツ」「◯選」などのテクニックもよく使われます。

○	90%の人がリピートした化粧水3つの秘密	×	多くの人がリピートした化粧水3つの秘密

簡易性を伝える

人間は簡単にできるものごとに対して興味を示しやすいです。そのため、「3日でできる」「毎日1分で」など、簡易性を伝える一言を加えるといいでしょう。

○	毎日1分のエイジングケアで見た目年齢を10歳若くする方法	×	エイジングケアで見た目年齢を若くする方法

不安を煽る

人間は、新たな利益を得ることよりも、現在の損失を回避するため、優先的に行動を取る傾向にあります。そのため、不安を煽るようなセリフを付け加えるのも、有効な方法の一つです。

○	あなたの洗顔方法は大丈夫？シミを作らない正しい洗顔方法とは	×	くすみを落とす！シミを作らない正しい洗顔の方法とは

悩みや課題を解決できる

ユーザーが検索行動を起こす際、悩みや課題を解決する方法を探しているケースも多くあります。できるだけ悩みについて深掘りをして、ユーザーを絞り込みましょう。タイトルを見ただけでユーザーの悩みや課題が解決することがわかれば、自然とクリック数は増えていきます。

○	赤ニキビの原因とは？跡を残さずキレイに早く治す方法	×	ニキビの原因とは？ニキビをキレイに治す方法

アウトライン作成

アウトラインを作成する方法には「見出しを指定する」方法と「記事の方向性を文章で示す」方法の2パターンがあります。どちらの方法でも構いませんが、より記事内容を指定したい場合は見出しを設定し、簡単に概要も書き添えることをおすすめします。なお、記事の方向性を文章で示す場合は「記事のストーリーを伝える」ことが重要です。特に、記事の落とし所（オチ）をどのようにしたいか指示してください。

タイトル案作成シート

「Chapter 3 事前の準備」で記事管理表やエディトリアルカレンダーなど、コンテンツを管理するための表をご紹介しましたが、タイトルを考えるときにも、検索ボリュームなどを考慮したタイトル案作成シートがあると、作業がスムーズです05。

記事管理表やエディトリアルカレンダーは、記事の投稿管理をするために使用し、タイトル案作成シートは、チーム内にコンテンツの内容を共有したり、ライターへの執筆依頼をする際に使用しましょう。

05 タイトル案作成シート

タイトル	キーワード	検索ボリューム	キーワード	検索ボリューム	アウトライン
マヌカハニーとは？UMF・MGO・NPAなどブランドマークの違い	マヌカハニーとは	3,600回/月	マヌカハニーUMF	1,300回/月	0.導入文 1.マヌカハニーとは →マヌカハニーの効果を美容に特化して説明 2.ブランドマーク（UMF、NPA、MGS、MGO） ※ブランド毎に商品ページへリンクを貼る 2-1.UMF 2-2.NPA 2-3.MGS 2-4.MGO 3.マヌカハニーパックのやり方 →手順を箇条書きで分かりやすく説明 4.おわりに

アウトラインまでまとめておくと、ライターへ執筆依頼をする際、「想定していた流れと違う」といった認識相違を防げるため、この時点でしっかりまとめておきましょう。

04 ライティングの心得

ライティングは一番作業工数のかかる作業ですので、すべてのライティングを自社で行うのは現実的ではないかもしれません。社内の限られたリソースでは、ライティングできる本数にも限りがありますので、余程専門的なコンテンツでない限りは、ライティングは外注することをおすすめいたします。専門的なコンテンツは自社の社員で執筆し、外部のライターとの使い分けをしましょう。

コンテンツを外注するという選択肢

月に何十本ものコンテンツを公開しようと考えると、自社ですべてをライティングするのは難しく、外注するという選択肢が出てくるかと思います。その場合、「コンテンツの企画から依頼する」「コンテンツのライティングのみ依頼する」というふたつの方法があります。

コンテンツの企画から依頼するメリット・デメリット

メリット	デメリット
・集客できるコンテンツが作成できる ・担当者の作業負荷が低い	・記事単価が高い ・自社のこだわりを反映しづらい

コンテンツの企画から依頼できる業者の多くは、SEOやコンテンツマーケティングのノウハウを持ったWebマーケティング会社です。こういったWebマーケティング会社にコンテンツの企画から依頼するメリットの大きな点は、「集客」です。前述していたようなキーワードプランニングからすべて任せることができるため、担当者が行う作業は「要望を伝えること」と、「コンテンツの確認をすること」のみになります。オウンドメディアの運営だけではなく、他の業務と兼務されているなど、なかなかスピード感を持ってコンテンツ作成をすることが難しい場合は、企画から依頼するという選択肢も活用していきましょう。デメリットとしては、ライティングだけを依頼した場合より、記事単価が高くなることです。

コンテンツのライティングのみ依頼するメリット・デメリット

メリット	デメリット
・自社のこだわりを反映させやすい ・記事単価が安い	・ノウハウがないと集客できない ・担当者の作業負荷が高い

ライティングのみを依頼するということは、自社で「コンテンツの企画」「リライト」「画像作成」などの作業を自社で行う必要があります。そのため、ライティングのみを依頼するデメリットとしては、圧倒的に手間暇がかかることです。ただし、メリットも大きく、企画から依頼した場合に比べ、記事単価が安く済みますし、コンテンツに自社のこだわりを反映させやすいです。

社内でライティングをする場合の注意点

今、この本を読んでいる方はオウンドメディアの運用担当の方が多いと思います。皆さまの部署は何名体制でしょうか。この本の後半では、オウンドメディア運営に関するいくつかの事例を紹介しておりますが、多くの企業が、2～3名と少ない人数でメディアを運営しています。社内でコンテンツのライティングを依頼する場合、必ずしも専任担当の方が執筆を行うわけではないかと思います。営業など、他の通常業務の合間を縫って執筆してもらう場合、あらかじめメリットをきちんと伝えておきましょう。

人は、目的や目標がわからない行動に対してネガティブな感情を持ちます。「Chapter 3 事前の準備」で紹介した毎月の流入シミュレーションや、「Chapter 6 コンテンツの効果測定と改善」で紹介する効果測定結果など、ライティングをすることによって得られるメリットをきちんと提示しておくことで、前向きに行動をしてくれるようになります。

また、記事管理表やエディトリアルカレンダーなどの執筆スケジュールを、ライティングする全員が閲覧できるように共有しておくことで連帯感が生まれるので、積極的に社内共有していきましょう。

SEO的な注意点

- 情報を網羅した、ボリューム（文字数）のあるコンテンツにする
- なるべく見出しにターゲットキーワード、関連キーワードを含める
- ターゲットキーワード、関連キーワードは3回以上使用する

コンテンツ制作の注意点

- 著作権、商標権、肖像権などを侵害しない
- 差別表現、センシティブな表現に配慮する
- 法令遵守（内容が法律に触れていないか）を意識する

執筆ルールブック

NGワードや表記の統一だけでなく、日本語の表現についてもあらかじめルールを設けましょう。ルールは明文化し、コンテンツ制作とともにブラッシュアップします 01。

01 執筆ルールの例

文章ルール	詳細	
同じ文末表現を繰り返さない	「です」「ます」「でしょう」「してください」などを組み合わせ、文末表現にバリエーションを持たせる	
指示語を多用しない	「これ」「それ」などの指示語を多用しない	
曖昧な表現は避ける	「～らしいです」「～のようです」など曖昧な表現を避ける	
適切な長さで文章を区切る	1文は40～50文字程度に留める	
金額に関する表記	「1万」以上の数字には「万」「億」などの単位語をつける ※単位語「十」「百」「千」は使用しない（例：1万円、5,000円、100円）	
冗長な表現は避ける	できる限り簡潔な表現を使用する	
	NG	OK
	「～になります」	「です」
	「するということ」	「すること」
	「するようにしてください」 「してみてください」	「してください」

	NGな表記	統一表記
あ行	挨拶	あいさつ
	あわせる	合わせる／併せる
	いいます	言います
か行	気づく	気付く
	心がける	心掛ける

リライトの例

使用アプリは何でも結構ですが、記事をWordで管理するとリライトの際に修正記録を残すことができるのでおすすめです 02 。はじめの内は、細かく修正内容をメモしてからライターにフィードバックとして渡すことで、次回以降の修正時間を短縮することができます。社内で執筆する場合でも、外注する場合でも、ライターと密にコミュニケーションを取ることが、良いコンテンツを作るための秘訣です。

02 リライトの例

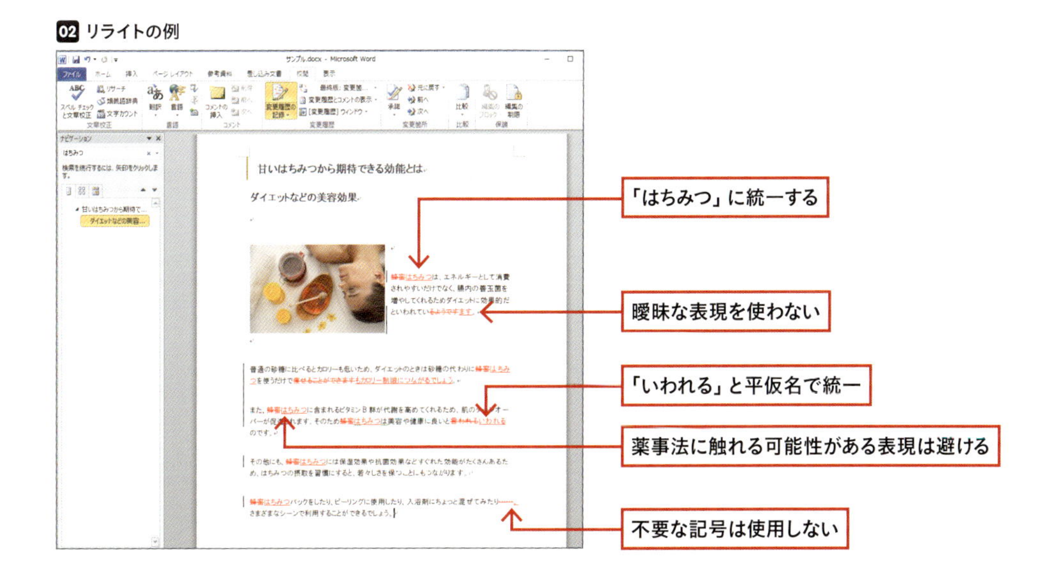

ライターを探すためのサイト

ライターを探すためのサイトはいくつかありますが、メジャーなものをいくつか紹介します。このようなサイトからライターを探して、直接ライティング依頼をしてみましょう。

ランサーズ（https://www.lancers.jp/）

流通額195億 会員数23万人の日本最大のクラウドソーシングサイトです。ライター以外にも、Webディレクターやデザイナーなど、多くのクリエイターが登録をしています。ライターの登録数が非常に多いため、自社の条件にあったライターを探しやすいです。

クラウドワークス（https://crowdworks.jp/）

こちらも日本最大級のクラウドソーシングサイトです。ランサーズと同様に、アプリ開発など、ライター以外のクリエイターの登録も多いです。他のサイトに比べ、進捗管理や支払管理の機能が揃っているので、依頼管理がしやすいです。

シュフティ（https://www.shufti.jp/）

企業のちょっとした業務を委託できるサイトです。データ入力や、コピペ作業など、日常業務のちょっとした煩わしい作業も依頼できます。ランサーズやクラウドワークスに比べると、主婦のライターの登録が多いので、主婦層を狙ったコンテンツを作成する場合、特によいライターが見つかるかもしれません。

専門家プロファイル（https://profile.ne.jp/）

専門家が多く登録しているサイトです。登録前の審査で専門家として認められた人だけが登録できるサイトなので、特定の資格所有者や、弁護士・会計士などの専門家に執筆依頼したい場合は専門家プロファイルで探してみるといいでしょう。

ライターとのやり取りと金額について

いずれかのライターマッチングサイトに登録をしたあとは、ライターを探していきます。サイトによって検索で絞れる項目はさまざまですが、気になるライターを見つけた場合、まずはメッセージを送ってみましょう。ライターにライティング依頼するために必要な情報は以下です。

ライティング依頼時に必要な情報

- タイトル
- アウトライン
- 文字数
- 納期
- 執筆ルールブック
- 希望の記事単価

ライティングの質を見るためにまずは1記事だけ依頼してみるのもいいでしょう。また、ライターによっては、プロフィール欄に文字単価を明記していることもあります。希望を伝えた上で、ライターと交渉していきましょう。

金額について

気になる金額についてですが、コンテンツの内容や文字数に大きく左右されるため、明確な金額はライターに相談するまでわからないことが多いです。専門的な分野だともちろんそれなりに記事単価が高くなりますし、簡単な内容だと、文字単価1円～2円程度で受けているライターもいます。まずはライターに正直な希望を伝えてみましょう。

05 画像を選定して加工する

制作編

文章だけのコンテンツと、イラストや画像があるコンテンツ、どちらが読みやすいと思いますか？文章だけのコンテンツでは、読んでいて疲れてしまいますよね。コンテンツには適時画像を挿入する必要があります。このセクションでは、画像の選定から加工までの工程をご紹介いたします。

画像が購入できるサイト

画像の用意は、自社で撮影する方法から、有料・無料画像サイトでダウンロードする方法までさまざまです。

【無料サイト】

●写真AC（http://www.photo-ac.com/）

日本最大級、無料の画像ダウンロードサイトです。さまざまな種類の写真が「美容」「スポーツ」などのカテゴリ別で分けられているため、目的の画像が探しやすいです。特に美容系の画像のラインナップが豊富なので、美容コンテンツを作成する際に活用できます。

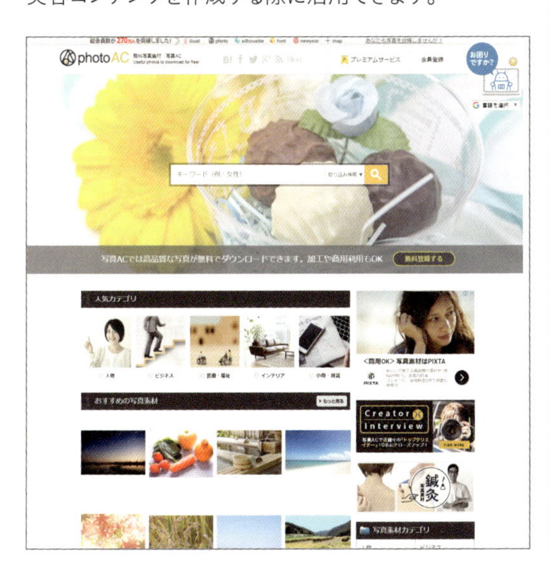

●IM FREE（http://imcreator.com/free）

いかにもオシャレな画像が18のカテゴリに分けられている、無料の画像ダウンロードサイトです。加工が必要ないほど鮮やかでキレイな画像が多いため、そのまま使用してもサイトが一気に華やぎます。

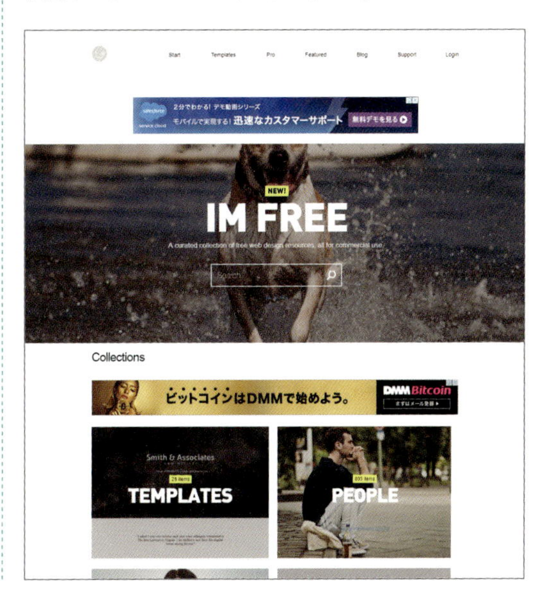

【有料サイト】

Adobe Stock（https://stock.adobe.com/jp/）

Adobeが運営している、有料の画像ダウンロードサイトです。画像だけではなく、動画やaiデータなども取り扱っています。「写真」「イラスト」などの画像の種類だけではなく、「就活」「デート」など画像のテーマ毎にタグ分けされているため、似た雰囲気の画像が探しやすいです。1枚ずつ購入することもできますが、定額プランがお得です。

PIXTA（https://pixta.jp/）

有料の画像ダウンロードサイトです。素材のサイズによって価格が決まっている単品購入と、1枚あたり最安39円から利用できる定額制プランがあります。多くのクリエイターが登録しているため、さまざまな種類の画像の取扱いがあります。

画像使用時の注意点

有料・無料に関わらず、画像の無断転載は絶対にやめましょう。人混みや交差点など、顔にぼかしが入っておらず、モデルに使用許可を取っていなさそうな画像は避けた方が無難です。また、たとえ背景であっても、他社のブランドロゴや雑誌の表紙、中身が写っている画像の使用は避けましょう。

画像の引用は、「引用部分が明確であること」「引用の必然性があること」など、公正な慣行が認められれば、著作者の許可がなくとも掲載して問題ありません。しかし、キュレーションサイトなどにより、SNSからの画像転載が問題になっていることもあり、基本的には許可を得てから掲載した方が安心です。出典元は必ず明記しましょう。

画像のサイズを変更する

選定した画像は、Webサイトに使用できるように加工します。まずは画像のサイズを変更しましょう。サイトによって適切なサイズはさまざまですが、コンテンツによって画像サイズがバラバラだと、統一感がなく、かえって見づらくなってしまう可能性もあります。画像編集ツールを使用して、サイズを整えましょう。画像編集ツールはPhotoshopが有名ですが、無料で使用できるものも多数ありますので、自社に合ったツールを選択しましょう。

● Photoshop Express Editor (http://www.photoshop.com/tools)

Photoshop Express Editorは名前の通り、Adobe社が提供する画像編集ソフトです。通常のPhotoshopとは異なり、無料で使用することができます。無料のため、通常のPhotoshopより機能が制限されていますが、ブラウザー上で使うことができ、インストールの必要がありませんので、気軽に使用できます。

1 「Photoshop Express Editor」の起動

ここでは、Photoshop Express Editorの使い方を紹介していきます。
まず、[Editorを起動] を押して、編集したい画像を選択します。

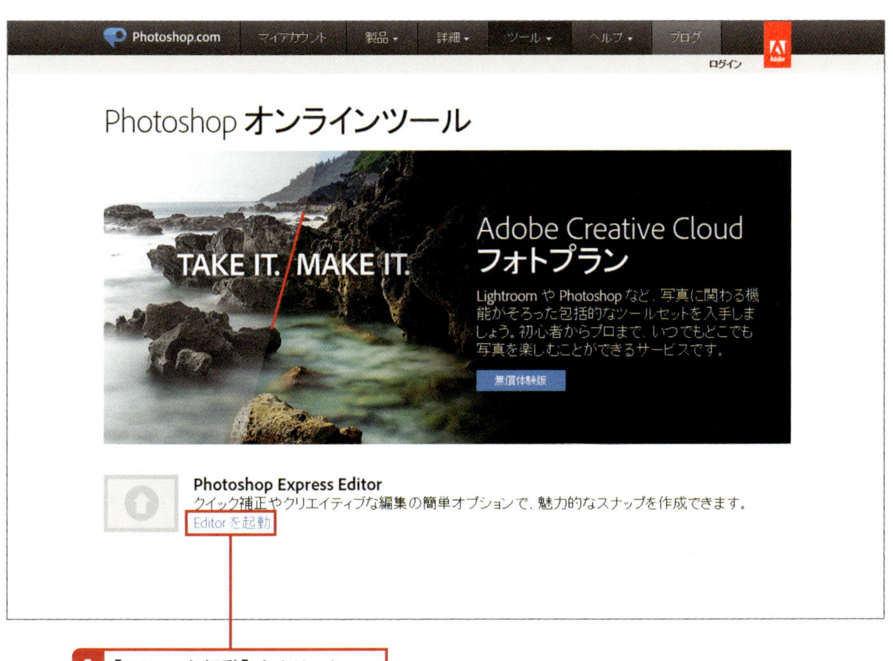

1 [Editorを起動] をクリック。

2 編集したい画像を選択します。

2 画像のトリミング

［Crop & Rotate］で画像の余分なスペース等を切り取ります。

1 ［Crop & Rotate］を選択して、トリミングを行います。

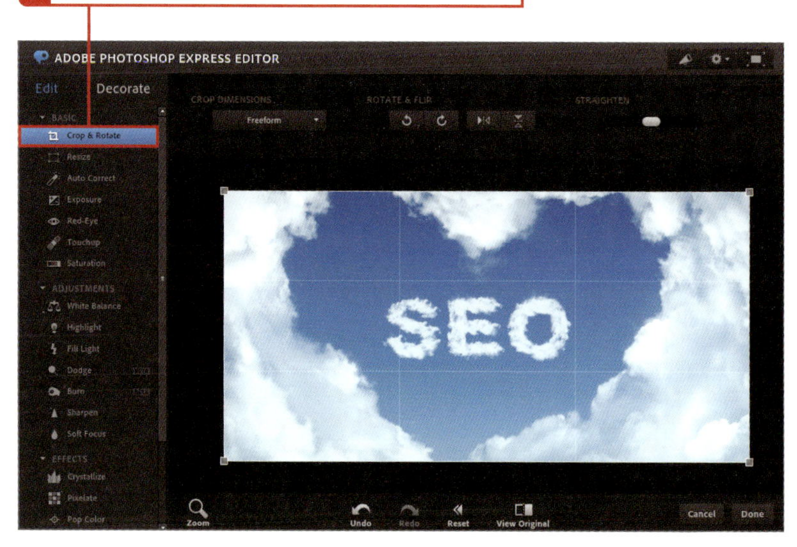

3 画像サイズの調整

［Resize］を選択し、［Custom］で画像のサイズを調整します。

4 画像の保存

最後に、保存して完了となります。

ブラウザー上で使用できる画像編集ツール

▼PIXLR
https://pixlr.com/editor/

▼FotoFlexer
http://fotoflexer.com/

▼SUMO Paint
http://www.sumopaint.com/home/

他にもブラウザー上で画像編集ができる無料ツールはたくさんあります。使いやすいツールを見つけて使用しましょう。

画像を圧縮する

画像は、購入したままだと解像度が高く、ファイルサイズが重くなりがちです。画像のファイルサイズが大きいと、ページの読み込み速度が遅くなり、ユーザーのストレスを高める原因となりますので、ツールを使って画像を圧縮します。

TinyPNG（https://tinypng.com/）

画像のサイズや透明度をそのままに、ファイルサイズを圧縮してくれる無料ツールです。ブラウザー上で使用でき、複数枚同時に圧縮してくれるため、とても使い勝手がよいサイトです。JPG、PNG両ファイル形式に対応しています。今回はこちらの使い方を紹介します。

使い方はとても簡単で、中央の赤枠の位置に画像をドラッグ・アンド・ドロップすると、圧縮された画像が完成します。大体60%～70%は圧縮してくれます。最後に［download］を押して画像をダウンロードすれば終了です 01 。

01 TinyPNG

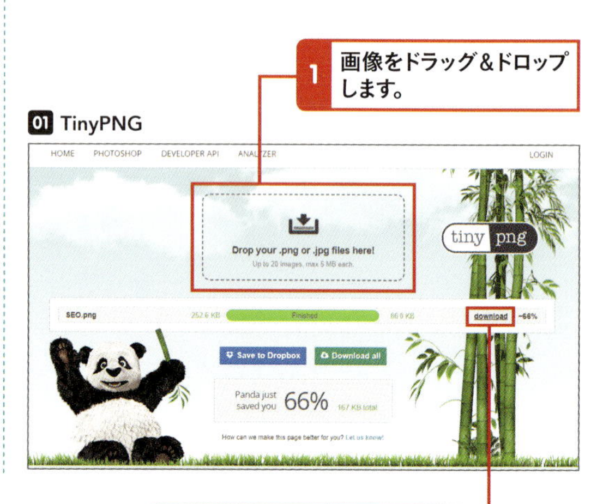

画像圧縮ツール

▼JPEGmini
http://www.jpegmini.com/

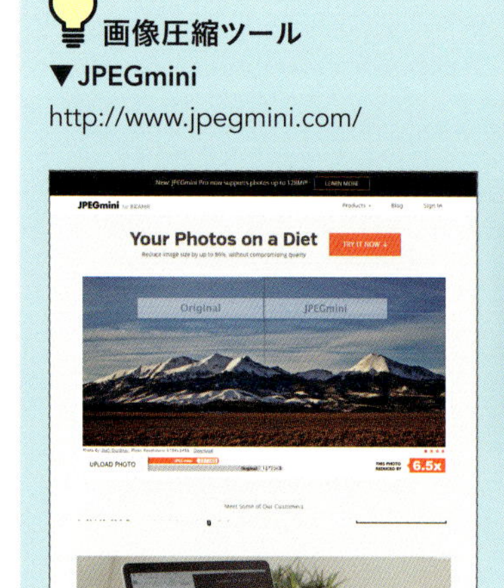

▼Kraken.io
https://kraken.io/web-interface

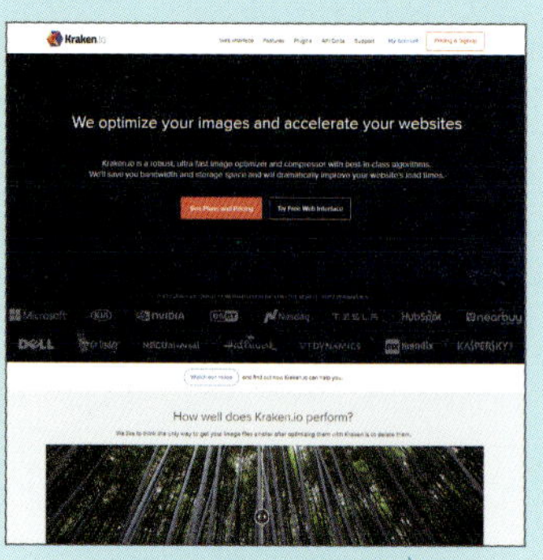

▼Optimizilla
http://optimizilla.com/ja/

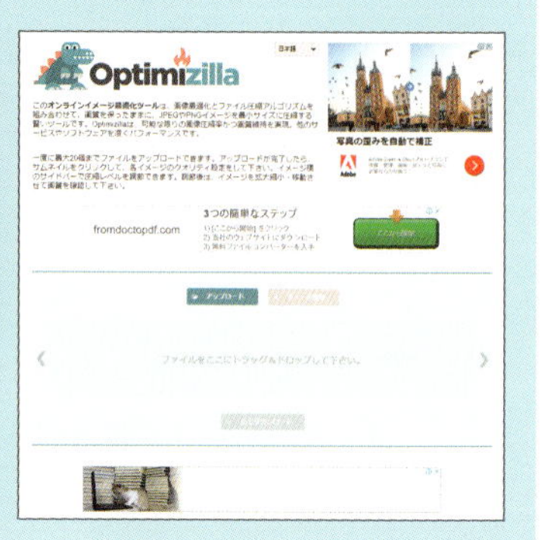

画像編集ツールと同様に、複数のツールがありますので、使いやすいものを使用してください。

画像の挿入例

画像を実際のページのどの位置に配置するかは、そのオウンドメディアの目的や性質によってもちろんさまざまですが、一般的にはメイン画像はトップに02、サブ画像は小さめにして文中に入れるなどが一般的ですし03、閲覧者の目に入りやすく、また読みやすくなるでしょう。

02 メイン画像の挿入位置

SEO対策とは 【2018年版 最新SEO】

Googleは世界の検索ニーズを満足させることでユーザーを増やし、広告収入を得ています。

昨今、Googleが検索結果に表示されるWebサイトに求める品質は高まる一方で、これまで通用してきたSEOが全く通じないどころかマイナスに作用するケースすら増えています。それによってWeb担当者はSEOに対する取り組みを変化させる必要に迫られているのです。

- SEOの成果を順位でみている
- SEO＝外部リンクのことだと考えている
- 最近アクセス解析ツールにログインしていない
- ただなんとなくWebサイトを更新している

メイン画像は、タイトルの下、導入文前に挿入します。見栄えのよい画像を選びましょう。

03 サブ画像の挿入位置

GoogleやYahoo!にとっての「自然検索」とは

まずはじめに、SEOの相手となる検索エンジンに対する理解を深めるために、GoogleやYahoo!にとって「自然検索」や「SEO」がどのような意味をもつのかをおさらいします。

GoogleやYahoo!などの検索エンジンの主な収益源は、リスティング広告やディスプレイネットワークなどによるクリック課金収入です。収益源である広告のクリック数を高めるには、恒常的にユーザーを集め続ける必要があります。したがって、検索エンジン側の使命は今も昔も「ユーザーのニーズに合致した検索結果を提供し、ユーザーを増やすこと」です。

では、もしWeb担当者やSEO会社の意志で自由に検索結果をコントロールできるとしたらどうなるでしょう。検索結果はセールスを目的としたサイトに溢れ、ユーザーが徐々に離れていくであろうことは想像に難くありません。

ユーザーが離れれば広告のクリック数もダウンします。結果的にGoogleをはじめとする検索エンジンの広告収入は減少します。

つまり、検索エンジンにとって、自然検索の検索結果をWeb担当者にコントロールさせることは絶対に避けなければならない死活問題なのです。

ところが、一昔前まで意図的に特定のキーワードで自社サイトの検索順位を上げることは、決して不可能なことではありませんでした。そのための代表的な施策がサイトに対する「外部リンク」を恣意的に増やすことです。

サブ画像は、小さめに設定して、文字量の多い箇所に挿入します。大体1,000文字ごとに1枚の画像があるとユーザーが読みやすいです。

altについて

私たち人間は、画像を見て「これは猫の写真だ」など、すぐに画像の内容を判断することができます。しかし、検索エンジンはコードと呼ばれる文字情報を読み取ってサイトの構造を判断します。そのため、画像の内容を示す記述がなければ、どのような画像なのかを把握する事が出来ません。そのため、画像の内容を検索エンジンに伝えるための記述が、alt属性というものです。

alt属性を設定したことで順位が急激に上昇したりすることはありません。ただし、alt属性を設定することで、画像が何を表しているか、検索エンジンにもきちんと伝えることができるようになります。「検索エンジンに対してわかりやすいコンテンツ」にする為には避けては通れない施策です。

altの例

```
<img src="dog.jpg" alt="犬の画像">
```

```
<img src="graph.jpg" alt="ドッグフードの売上のグラフ">
```

例えば、ペットフードを取り扱うサイトで、コンテンツの見栄えを良くするために載せている「犬の画像」と、人気のペットフードだということを示すために載せている「売上グラフの画像」があった場合、人間は画像を目で見て判断することができます。しかし、検索エンジンはロボットなので、画像の違いがわかりません。それがコンテンツと関連性の高い画像なのかの判断もつきません。しかし、altを設定することで、検索エンジンにも正しく画像の価値が伝わるのです。

画像が読み込まれない状態の際、altが設定されていれば、表示されなかった画像の代替テキストとしてaltが表示され、画像の内容を伝えてくれます。また、視覚障害を持った人は、スクリーンリーダーという画面読み上げソフトで、Webサイトの情報を得ています。altが設定されていない場合、スクリーンリーダーで画像の内容を知ることが出来ません。altが設定されていないと、ユーザーにとってもコンテンツの内容がわかりづらくなってしまうため、きちんと設定しましょう。

記事のチェック・編集・リライト

制作編

コンテンツはライターから記事があがってきておしまいではありません。ここから記事のチェックや編集、リライトを行っていきます。特に、企画から自社で行っている場合、引用元に問題がないかの確認や、記事内で書いていることの事実確認なども行う必要があります。公開後にトラブルがないよう、しっかりとチェックしていきましょう。

チェック項目

タイトル&アウトラインをもとに完成した原稿について、編集・校正を行いましょう。誤字脱字チェックはもちろん、コピーチェックもしっかり行ってください 01。

文章校正ツール

記事のチェック・編集は思いのほか工数がかかるため、ツールを利用して作業スピードをあげましょう。文章校正ツールは、誤字脱字や表記ゆれを自動でチェックしてくれます。今回紹介するツールの中には有料ツールもありますが、作業効率は格段にアップします。

- 日本語校正サポート

http://www.kiji-check.com/

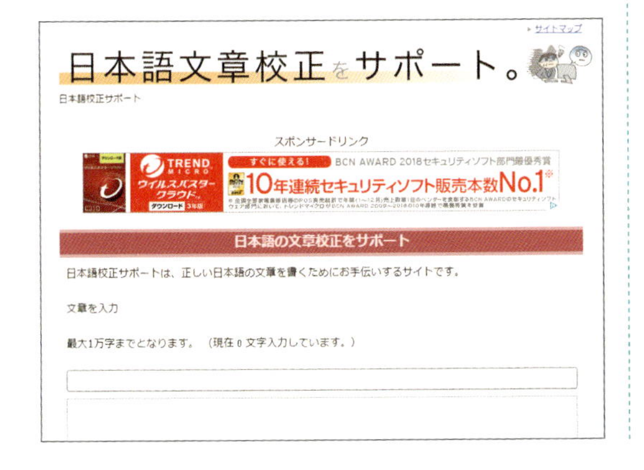

- Tomarigi

http://www.pawel.jp/outline_of_tools/tomarigi/

- Just Right!6 Pro
  http://www.justsystems.com/jp/products/justright/

「Just Right!6 Pro」にオプションとして追加できる「共同通信社 記者ハンドブック校正辞書 第13版 for Just Right!」は必見です。

コピーチェックツール

コピーチェックをする際はツールを使用する前に、どの程度内容が重複していたらコピペと判定するのか自社で基準を設けておきましょう。

- CopyDetect
  https://copydetect.net/

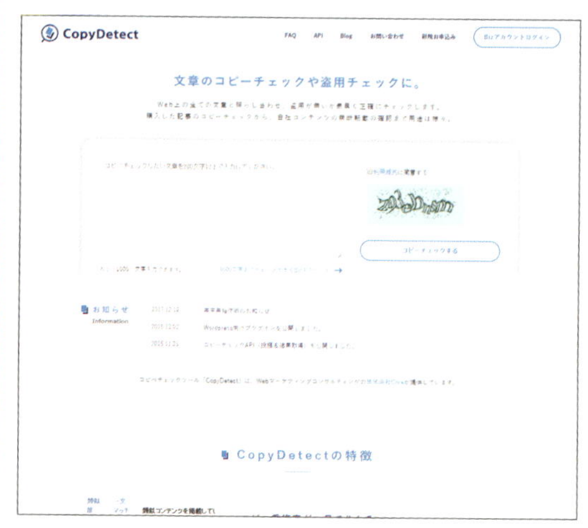

- コピペリン
  http://saku-tools.info/copyperin/it/

CHAPTER 5 コンテンツ制作と運用

01 チェック項目の例

✔	チェック項目	詳細
書き直しに関すること		
	コピーチェックで問題がない	ツールを利用したコピペチェックがおすすめ
	依頼文字数を超えている	コンテンツボリューム的に、1500字以上が望ましい
	タイトルと記事内容が合致している	記事タイトルと各見出しタイトルを照らし合わせる
	依頼通りの記事構成で書かれている	依頼したアウトライン通りの記事構成か
	制作指示が守られている	参考URLを記載する、指定した資料を参考にしているなど
記事の体裁に関すること		
	記事の体裁が整っている	フォントサイズ、行間、余白、インデントのルールを守っている
	改行の位置が適切である	改行がまったくない場合は、話題の転換点などで改行を追加 1文ごとの改行や複数行の改行がある場合は、改行を減らす
日本語表現に関すること		
	誤字・脱字・誤変換がない	誤字脱字、表記ゆれを確認する
	主語・述語の対応が適切である	日本語として適切な文章か
	指示通りの文体(ですます調等)で書かれている	である調が混在していないかチェック
	1文の長さが適切である(長すぎない)	長くても50文字程度に収まるよう、文を分割していく
	句読点の位置が適切である	句点「。」は文末に必ず入れる 読点「、」は1文につき2つ程度に収める
	表記ゆれがない	漢字・ひらがな、英数字の全半角は統一できているか
記事内容に関すること		
	記事内容の情報が正確である	誤った情報が書かれていないか、固有名詞に間違いがないか、古いデータを使っていないか(最新のデータがないか)などを確認
	ネガティブな情報が書かれていない	掲載サイトに不利益な情報はないか
	読者に不快な思いを与えない内容・表現である	上から目線、命令的でないか、差別表現がないか
	引用・出典が明記されているか	データやコメントの出典元は必ず記載
	キーワードが適度に配置されているか	タイトルに含めたキーワードが3回以上利用されているか

編集・校正のポイント

表記から記事内容までチェックしましょう。「タイトルと記事内容が合っているか」「記事構成は指定通りか」「文体・口調はOKか」など基本的なことから、「日本語の誤り」「表記ゆれ」「誤字脱字」などの文章表現に加え、「情報の信憑性」「データ引用元」なども細かくチェックすると安心です。

特に、ライティングを外注するときは、コピーチェックを必ず行いましょう。目視での確認は難しいため、コピーチェックツールを利用することをおすすめします。また、ライティング時に参考にしたURLを提出してもらうとチェック時に役立ちます。

07 コンテンツ公開時にやっておきたいこと

制作編

ここまでの工程で、原稿と画像の用意ができました。ただし、コンテンツは公開して終わりではありません。少しでも多くのユーザーにコンテンツを見てもらうため、公開時にSEOを考慮して少し手間暇をかけましょう。

パーマリンクの設定

パーマリンクとは、コンテンツ（Webページ）毎に設定される個別のURLのことです。オウンドメディアを作る上で、ディレクトリ構造が非常に重要だということは別のCHAPTERで紹介しましたが、パーマリンクにも気を遣いましょう。

WordPressの場合、「Custom Permalinks」というプラグインを使用することで簡単に設定することができるようになります01。

01 パーマリンクの設定

これから始める方必見！オウンドメディアとは？

パーマリンク: https://digital-marketing.jp/ about-owned-media / OK キャンセル

URLを見ただけでどのようなページなのかがわかる簡潔な英文だとよいでしょう。
あまり長すぎるのは良くないですが、いくつかの単語をつなげる場合は「-」で単語同士をつなげましょう。

日本語のパーマリンク

パーマリンクは日本語にすることもできますが、パーマリンクを日本語にしてしまうと、コピペした際にURLが長文の文字列に変化します02。

リンクする際やSNSで共有する際、URLが不自然になってしまうため、できるだけ避けたほうがいいでしょう。

02 長文の文字列に変化したパーマリンク

Head内主要タグ

別のCHAPTERでも触れましたが、SEOにおいてtitleやdescriptionなどのタグは非常に重要です。コンテンツ投稿時に忘れないように設定しましょう。

WordPressの場合、「All In One SEO Pack」というプラグインを使用することで簡単に設定することができるようになります03。

titleとdescriptionは、検索結果に表示されるため、ユーザーがコンテンツをクリックするのかどうかを左右する非常に重要な項目です。上位表示したいキーワードがきちんと含まれているのか。ユーザーがクリックしたくなるような文章なのか。最終チェックを行いましょう。

03 Head内主要タグの設定画面

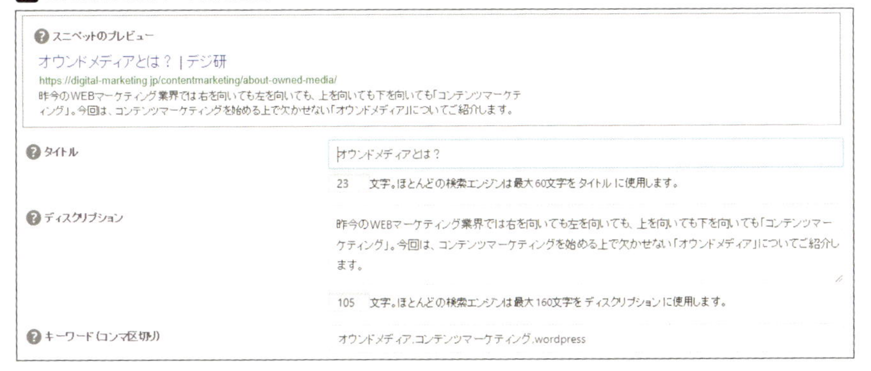

Fetch as Google

コンテンツを公開したら、1秒でも早くユーザーにコンテンツを見つけてもらいたいですよね。Webサイトをブックマークしてくれているユーザーなら、すぐにコンテンツを見つけてくれるかもしれませんが、多くのユーザーは検索エンジンを通して、コンテンツを発見します。つまり、検索結果に表示されるようにならないと、ユーザーからは見つけてもらいにくいということになります。

検索エンジンのクローラーは、定期的にサイトを見にきてサイト内を巡回していきます。その際、新しいコンテンツを発見すると、検索エンジンにインデックスされるようになるのですが、「Fetch as Google」を使用すれば、クローラーが自然に来るのを待たずに、こちらからインデックスを促すことが可能です。

検索エンジンのクローラーとは？

検索エンジンのクローラーとは、検索エンジンが、HTMLなどのWebサイトのファイル情報を読み込むためのプログラムのことです。「クローラー」の他に、「スパイダー」「ロボット」などと呼ばれることもあります。

まず、Search consoleにログインし、[クロール] の中にある [Fetch as Google] をクリックします。そして、新しく公開したコンテンツのURLを入力し、[取得してレンダリング] をクリックします04。

これで、検索エンジンのクローラーが最速でコンテンツをインデックスしてくれます。公開したコンテンツをいち早くユーザーに届けるため、コンテンツを公開した際は必ず行うようにしましょう。

04 Fetch as Googleの設定画面

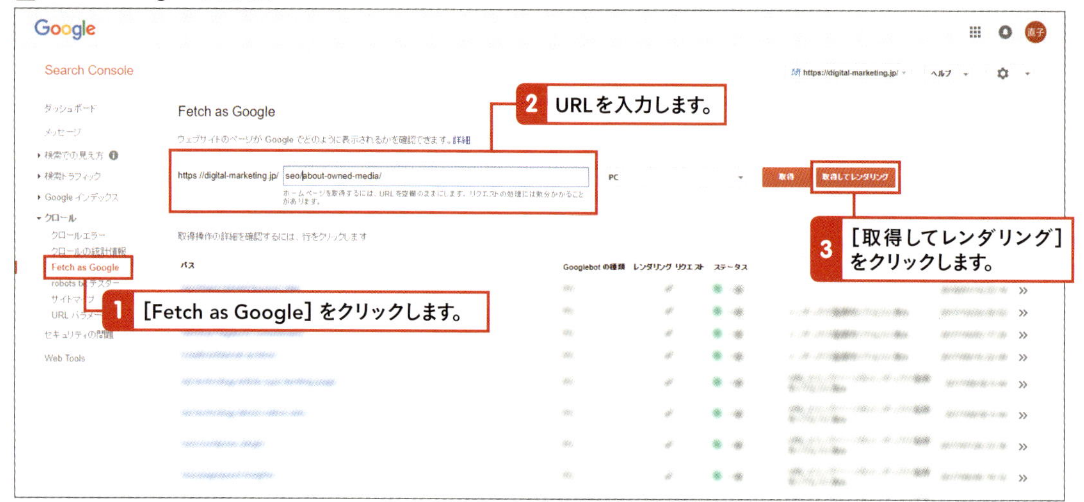

SNSでの拡散

CHAPTER 1でも述べましたが、オウンドメディアで公開されたコンテンツは、バイラルメディアによって拡散されると、閲覧数を一気に増やすことができます。拡散できるかどうかはコンテンツの企画や運によるところも多いですが、可能性を逃さないためにも、コンテンツを公開した際は、自社のSNSアカウントでも公開を周知するようにしましょう05。

BtoB企業でも、各種SNSに自社のオウンドメディア用のアカウントを作成しましょう。一般的には、FacebookやTwitterを利用している企業が多いです。
BtoC企業の場合は、Instagramとの相性がよいことも多いので、こちらも積極的に活用していきましょう。

05 SNSでの拡散

CHAPTER

6

コンテンツの効果測定と改善

実際にオウンドメディアを運用していてつまずきがちな課題のひとつに、「効果測定」が挙げられます。オウンドメディアを運用するということは、ただ制作だけをすればよいという訳ではありません。正しいコンテンツマーケティングの効果測定の仕方を知って、課題を抽出し、しっかりと改善していきましょう。

01 Google Analyticsで見るべき項目

改善編

すでにCHAPTER 4にて設定をしたGoogle Analyticsですが、オウンドメディアを分析するというのは具体的に何を見ればよいのでしょうか？　オウンドメディアの運営に必要なPDCAを適切に回すために、把握したい項目を具体的に確認してみましょう。

オウンドメディアの運用で確認すべきポイント

オウンドメディアの運用に必要な確認事項は次の通りです。

1　制作したオウンドメディアは集客が出来ているのか？
2　オウンドメディアから目的となる行動（購入、成約、会員登録やお問い合わせ等のユーザーに行って欲しいアクション）が生まれているのか？
3　どのコンテンツを改善すればよいのか？

ステップ1　制作したオウンドメディアは集客が出来ているのか？

まずはステップ1です。制作したオウンドメディアは集客ができているのかを見ていきましょう。本書に記載した方法で記事を制作すると通常3ヶ月も経てば集客ができ始めていると思います。

では、どれくらい集客が伸びているのかGoogle Analyticsで確認する方法を紹介します。

まずはGoogle Analyticsにログインします。集客を見るためには、左メニューの［行動］→［ランディングページ］をクリックします01。

すると、02のような画面が表示されます。

01 Google Analyticsの左メニュー

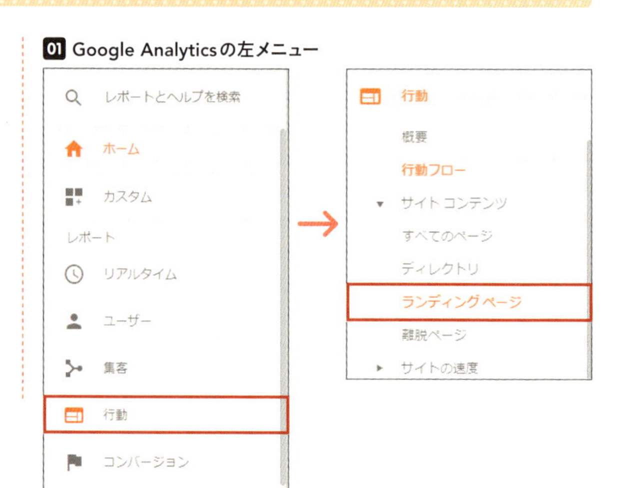

ここに記載されている「セッション」というものが、いわゆる訪問数（集客できた回数）となります。記事の内容により一概には言えませんが、BtoC向けの記事ではアップから3ヶ月程度が経過した段階で1記事当たり月間300セッション以上、BtoB記事で1記事当たり月間200セッション以上の流入が獲得できていれば、ひとまず及第点として考えてもよいかもしれません。もちろん訪問を獲得するためではないコンテンツもあるかと思いますので、あくまでも目安と考え、目的に合わせて判断しましょう。

Google Analyticsでは、期間の指定・フォルダの絞り込み・ユーザーのセグメントなどが可能ですので、記事ごとやディレクトリごとにセッション数（集客）を把握し、オウンドメディアのKPIが達成されているか把握しておきましょう。

02 訪問数の確認画面

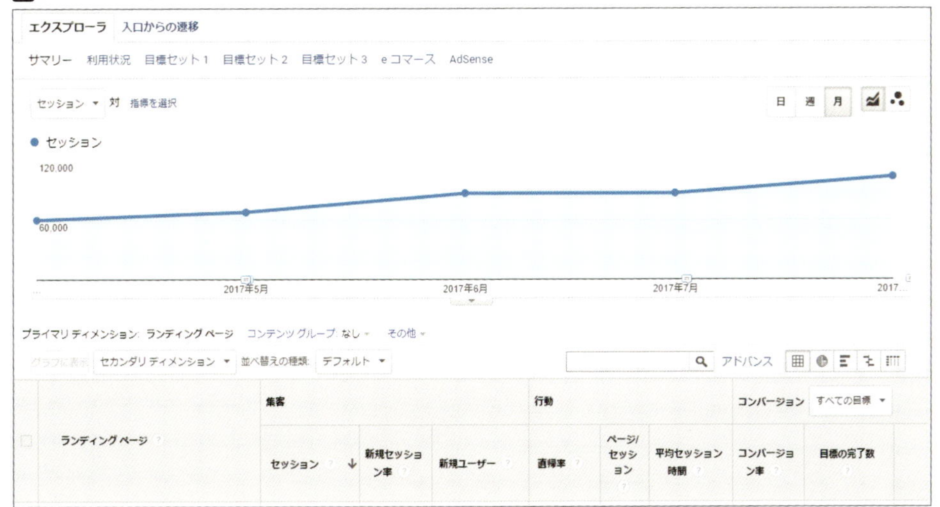

ステップ2　オウンドメディアから目的となる行動が生まれているのか？

続いて、ステップ2では目的となる行動数の確認です。いわゆる「コンバージョン」と呼ばれるもので、設定は大変ですが確認はとても簡単です。

訪問数と同様に左メニューを利用します。今度は左メニューから［コンバージョン］をクリックします。**03**のようにサブメニューが出るので、［概要］をクリックしてください。

03 Google Analyticsの左メニュー

すると、04のような画面が表示されます。事前に設定した目標が表示されれば問題ありません。

この画面では、設定した目標がそれぞれ確認できます。コンバージョン数はこのような遷移で確認が出来ますのでオウンドメディアの成果はこちらで把握しましょう。

コンバージョンの数についての目安はありません。業種業態によりさまざまだからです。メディアにおけるコンバージョンはすぐに発生し辛いものではありますが、オウンドメディア経由で成果が発生した場合には把握ができるようにしておきましょう。

04 行動数の確認画面

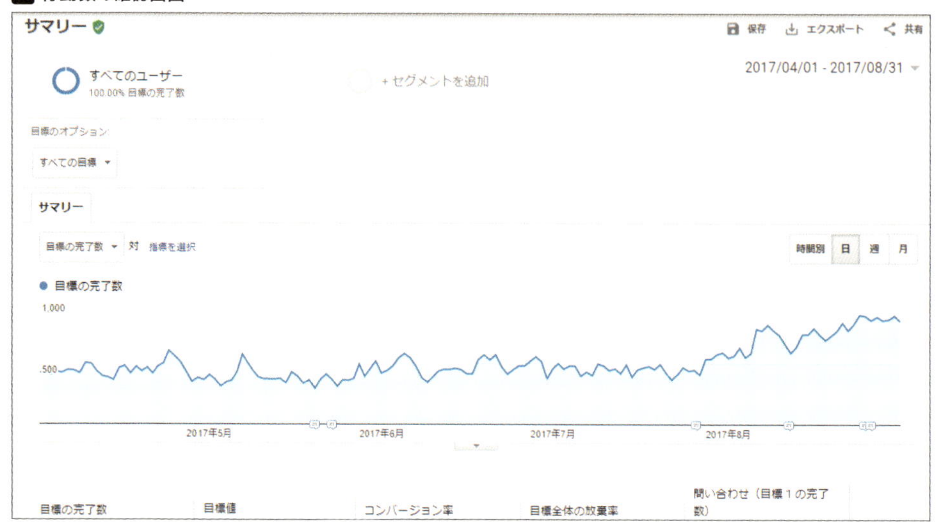

ステップ3　どのコンテンツを改善すればよいのか？

それでは最後のステップ3です。ここから少しだけ複雑になりますが、これが分かると改善すべきコンテンツを判別することが可能ですので、是非覚えてください。見るポイントは3つです。それは「セッション数」「直帰率」「読了率」の3つです。この3つの項目の組み合わせで記事を判断していきます。

具体的に特定したいコンテンツは右の4つです。

- セッションが少なく、直帰率も高い
- セッションが少なく、直帰率が低い
- セッションは多いが、読了率が低く、直帰率が高い
- セッションは多いが、読了率が低く、直帰率が高い

ではこの4つの確認方法と、それが分かるとどういった改善ができるのかを見ていきましょう。

セッションが少なく、直帰率も高い

こちらはステップ1で照会した［行動］の中にある［ランディングページ］という同じメニューから分析します。ランディングページ一覧が表示されたら、今度は［セグメント］と［絞り込み］の利用もしてみましょう。［セグメント］をクリックし、一覧から［自然検索トラフィック］を選択します。そして、［把握したい期間］と［該当記事のカテゴリURL］を入力し、絞り込みを行います**05**。

絞り込みを行うと、画面下には**06**のようなURL別の一覧が表示されています。この一覧の中にあるセッションと直帰率を確認します。

では、一覧の中からセッション数が少なく、直帰率が高い記事を抽出するのですが、セッション数が少なく、直帰率が高い記事とはどのような状態でしょうか？

それは、あまりユーザーにアプローチは出来ていないうえに、読まれても他のページには遷移せずにそのまま帰ってしまった状態です。これは記事にニーズが無い可能性が高いため、再度キーワードの月間検索回数やGoogleトレンドを調査の上でニーズがある記事に修正する必要があります。

05 ［セグメント］と［絞り込み］の利用

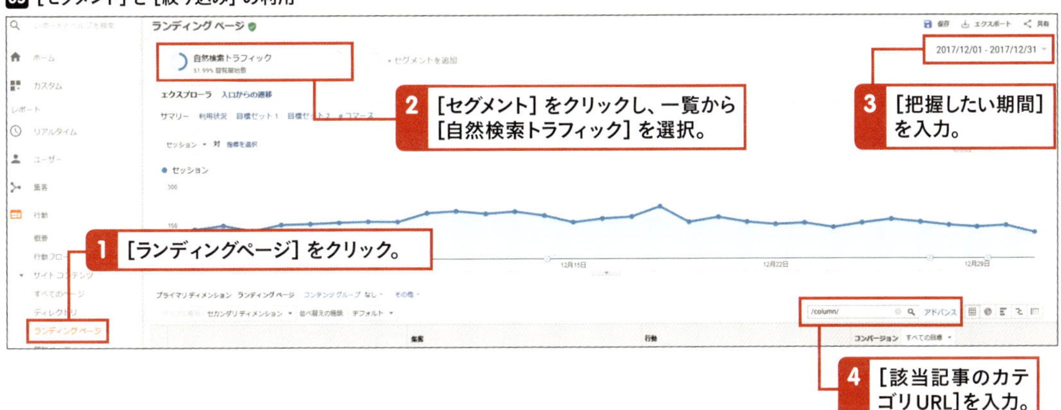

06 絞り込み結果

	ランディング ページ	集客 セッション	新規セッション率	新規ユーザー	行動 直帰率	ページ/セッション	平均セッション時間	コンバージョン コンバージョン率	目標の完了数	目標値
		277,049 全体に対する割合: 100.00% (277,049)	80.42% ビューの平均: 80.42% (0.00%)	222,790 全体に対する割合: 100.00% (222,790)	88.30% ビューの平均: 88.30% (0.00%)	1.22 ビューの平均: 1.22 (0.00%)	00:00:55 ビューの平均: 00:00:55 (0.00%)	0.13% ビューの平均: 0.13% (0.00%)	351 全体に対する割合: 100.00% (351)	$0.00 全体に対する割合: 0.00% ($0.00)
1.		56,105 (20.25%)	93.16%	52,269 (23.46%)	95.28%	1.06	00:00:20	<0.01%	2 (0.57%)	$0.00 (0.00%)
2.		40,317 (14.55%)	76.12%	30,691 (13.78%)	80.55%	1.44	00:01:45	0.31%	126 (35.90%)	$0.00 (0.00%)
3.		22,090 (7.97%)	76.94%	16,995 (7.63%)	87.66%	1.17	00:01:03	0.02%	5 (1.42%)	$0.00 (0.00%)
4.		9,834 (3.55%)	73.59%	7,237 (3.25%)	88.80%	1.16	00:00:58	0.05%	5 (1.42%)	$0.00 (0.00%)
5.		9,725 (3.51%)	83.64%	8,134 (3.65%)	90.45%	1.18	00:00:32	0.07%	7 (1.99%)	$0.00 (0.00%)
6.		7,428 (2.68%)	80.22%	5,959 (2.67%)	91.52%	1.15	00:00:46	0.18%	13 (3.70%)	$0.00 (0.00%)
7.		6,933 (2.50%)	83.21%	5,769 (2.59%)	92.05%	1.12	00:00:45	0.01%	1 (0.28%)	$0.00 (0.00%)
8.		6,627 (2.39%)	79.43%	5,264 (2.36%)	92.14%	1.12	00:00:39	0.11%	7 (1.99%)	$0.00 (0.00%)
9.		6,403 (2.31%)	56.60%	3,624 (1.63%)	67.02%	1.98	00:01:49	0.16%	10 (2.85%)	$0.00 (0.00%)

セッションが少なく、直帰率が低い

直帰率が低いとは、ユーザーが記事を読むことで満足を感じ、さらに他のページも読んでいるということになります。こんな「良記事」に流入が少ないというのが「直帰率が低いのに、流入が少ないページ」となります。改善策としては当たり前ですがもっと流入が増えるように拡散することになります。

流入は多いが、読了率が低く、直帰率が高い

続いて、流入は多くよく見られているにも関わらず、最後まで見てもらえず、途中で離脱されてしまっている記事です。ここからはCHAPTER 4で紹介した読了率を利用します。「直帰率が高い」にも2つのパターンが考えられます。それは、最後まで読んだので目的が達成されたとして離脱するケースと途中までしか読まれずに離脱されたケースです。読了率を利用することで下部まで読んだのか、途中で離脱したのかを判別することが可能です。それでは、途中まで読んだが離脱したユーザーはどのような心理状況でしょうか?

それは「知りたいテーマだったけど、書いてある内容は自分が探していたテーマと違うなぁ」と考えられています。この場合はニーズがあるテーマではあるので、記事のブラッシュアップが必要です。元々集客力は高い記事なので、ブラッシュアップし大量の読者をファン化しましょう。

流入は多いが、読了率が低く、直帰率が高い

最後に、流入は多く、読み終わったらすぐに離脱しているものの、読了率が高く、たいていのユーザーが最後まで読んでくれているケースです。これはとても良い記事の可能性が高いです。そして、ユーザーも満足度が高かったでしょう。しかしながら、他の記事やサービスに興味を持たせることができていない状態です。

せっかくユーザーも面白いと感じて読んでくれているので、もっと関連記事をPRしエンゲージメントを高めたり、アクションを促す訴求を行いましょう。ただし、アクションボタンを設置しているにも関わらず遷移が発生していない可能性もあります。その場合はPRするサービスが露骨過ぎている可能性もありますので、すぐに商品を購入するバナー等ではなく、サービスの体験記事やホワイトペーパーのダウンロードといったユーザーにとってメリットの高いアクションポイントを設置することが有効でしょう。

書いてある内容とテーマがアンマッチの例

例：「コンテンツマーケティングとは?」という記事に対して、自社のコンテンツマーケティング支援サービスを記載。

一般的にコンテンツマーケティングとは何だろう？　と調べる多くのユーザーは、コンテンツマーケティングとはどういう手法で、どういったメリットがあり、どうすれば上手くいくのかが知りたいと考えていますので、自社サービスを訴求するのではなく、ユーザーが知りたい内容を記載しましょう。

コンテンツマーケティングのポイント

サービスサイトではなく、メディアを訪れるユーザーは情報を探しに来ている状態です。そのような状況のユーザーにとってのメリットを考えてアクションに繋がる導線を検討しましょう。

改善編

02 Search Consoleで見るべき項目

Googleが提供するSearch Consoleはサイトの立ち上げ時にだけ有効なツールではなく、運用フェーズにこそ力を発揮するツールです。検索エンジンからどのように見えているのか？ Googleが伝えたい重要なメッセージの受け取りなどさまざまな機能がありますので、積極的に有効活用していきましょう。

メッセージ

Search Consoleでは、サイトに何か問題が発生していたり、改善した方がよいトピックがあった場合にGoogleが「メッセージ」を通してアラートを飛ばしてくれます。メッセージはダッシュボードにも表示されますが左サイドバーのメニューからもアクセス可能です01。

特に注意すべきは、サイトがペナルティを受けた際に送られてくるメッセージです。検索エンジンでは質の低いページを多く保有している場合などにペナルティを受ける可能性があります。検索順位を上げる目的で外部リンクを購入しているなど、作為的に検索順位を操作しようとしているサイトもペナルティの対象です。

また、検索エンジンがアクセスできないなど、エラーが発生したときもメッセージを送ってくれるので定期的にチェックをしましょう。

01 Search Consoleの左メニューから［メッセージ］を選択

HTMLの改善

この機能ではtitleやdescriptionの内容が重複してしまっているページを確認することができます02。

titleやdescriptionは、検索結果の順位やクリック率に影響する非常に重要な項目です。いくつかのページで同じ内容が入ってしまっているということは、そのページの魅力を適切に検索エンジンに伝えられていない可能性があります。そして、Googleは同じようなページがたくさんあるサイトを嫌います。重複し各ページの主要タグを固有に設定できていないページは見直して修正していきましょう。

02 Search Consoleの左メニューから［HTMLの改善］を選択

検索アナリティクス

Google Analyticsでは、Googleを利用した自然検索ユーザーの検索キーワードがすべて「not provided」になってしまい、実際の検索キーワードを特定することができません。これはサイト解析にとってかなりの痛手なのですが、その検索キーワードを知ることができるのが「検索アナリティクス」です03。Google Analytics同様に、検索されたキーワードやそのクリック数の他に、検索アナリティクスならではの項目として、表示回数・CTR・掲載順位も見ることができます。

また、Google Analyticsではアクセスされてからの情報を取得しているのに対し、Search Consoleでは検索が発生した時点から情報を取得しはじめています。つまり、とあるキーワードが検索された際、どのページが何位くらいに表示されていて、どのくらいのユーザーの目に触れて、何クリックされているのかまで知ることができるのです。

これらの情報をきちんと計測できれば、Webサイト改善の手がかりになります。例えば、掲載順位が高く表示回数も多いのにCTR（クリックされる率）が低いキーワードがあります。ユーザーの目に触れているのにクリックされていないということは、ユーザーが求めている情報を検索結果で表示できていない可能性があります。この場合、titleやdescriptionを改善すれば、クリック数を増やせるかもしれません。

また、検索アナリティクスについてはGoogle Analyticsと連携することで、Google Analytics側の管理画面からもSearch Consoleのデータを確認することができるようになるので連携設定をしておきましょう。

03 Search Consoleの左メニューから［検索アナリティクス］を選択

クロールエラー

「クロールエラー」は、アクセスできないページや、アクセスしたけど見つけられないページがあった場合に教えてくれる機能です04。

この機能では、サーバー側に問題のある「サイトエラー」と、個別ページで問題のある「URLエラー」の2種類があります。特に「URLエラー」はエラーが出やすいので、問題がある場合は見ておきましょう。

「URLエラー」では、主に以下のエラーが出ているケースが多いです。

見つかりませんでした

クローラーがアクセスしたときにページが存在しない場合にエラー

ソフト404エラー

存在しないページのため本来404（ページ無し）エラーにすべきところをステータスコード200（健全）で返してしまっているエラー

サーバーエラー

サーバー側でサイトを表示させるのに時間がかかりすぎている場合などに表示されるエラー

アクセスが拒否されました

robots.txtなどで、特定のページをブロックしている場合に表示されるエラー

04 Search Consoleの左メニューから［クロールエラー］を選択

その他にもSearch Consoleには数多くの機能があります。オウンドメディアを運用しているとさまざまなことがありますが、検索エンジンに関するトラブルは基本的にSearch Consoleで分かるケースが多いので、日々チェックするようにしましょう。

03 簡単なレポートを作ってみよう

改善編

Google Analyticsでは Webサイトの分析ができますが、そのままの画面では見辛いこともあるでしょう。見たい項目をひと目でわかるようにレポート化すると改善ポイントが分かりますし、社内で共有することで理解を得ることにも役立ち、有効なツールとなります。ここでは見るべきポイントを押さえた簡単なレポートの作り方を紹介します。

Google Analyticsカスタムレポートの活用

Google Analyticsには毎回メニューを見て回らなくても済むように、把握したいさまざまな指標を事前にまとめておくことで、それらのデータを一括で表示させることができる「カスタムレポート機能」というものがあります。例えば、「どのコンテンツから流入したアクセスが問い合わせに繋がるのか？」や「月別に訪問数はどのように変化しているのか？」といった知りたい項目を設定しておくことで簡単にレポート作成が可能になります。

［カスタムレポート］は通常の左メニューの中にあります。01はGoogle Analyticsの基本メニューです。上段の方にある［カスタム］という項目の中に［カスタムレポート］はあります。

01 Google Analyticsの左メニュー

レポートとヘルプを検索
ホーム
カスタム
マイレポート一覧
カスタム レポート
保存済みレポート
カスタム アラート
レポート
リアルタイム

知りたい項目を整理する

通常、レポートを作成するためには、自分が何を知るべきなのかを整理する必要があります。例えば、それは「このオウンドメディアは問い合わせを発生させているのかな？」や「どのコンテンツが人気なのだろう？」といったものです。知りたいと思う項目を予め整理しておくことで、自分が知りたい項目がピックアップされたオリジナルのレポートを作成することができます。

本書ではオウンドメディアの運営には最低限把握しなくてはならない以下の3つの項目を例に、カスタムレポートの作成方法を紹介します。

オウンドメディアのレポーティングに知っておくべき要素

- オウンドメディア全体のアクセス数の推移
- 流入チャネル別の効果
- 最初の入り口となったコンテンツ

オウンドメディア全体のアクセス数の推移

Google Analyticsの基本レポートでもアクセス数の推移は表示させることが可能です。しかしながら、数値データは指定期間内の合計値が表示されてしまい、月別にどのように数値変化したのかがすぐに分かりません。そのため、[カスタムレポート] を利用します。また、合わせて次の項目も取得してみましょう。

全体アクセス数の把握

- 月別のユーザー数の推移
- 月別の訪問数の推移
- 月別の新規セッション率の推移
- 月別の直帰率の推移
- 月別のページビュー数
- 月別の平均ページ/セッション数の推移
- オーガニック検索の割合

1 [カスタムレポート] 画面

それでは早速、作成してみましょう。

まずは先程の [カスタムレポート] をクリックし、カスタムレポート画面に遷移します。

ここで [新しいカスタムレポート] をクリックし、カスタムレポートの作成に進みます。

1 Google Analyticsの左メニュー [カスタムレポート] をクリックし、カスタムレポート画面を表示します。

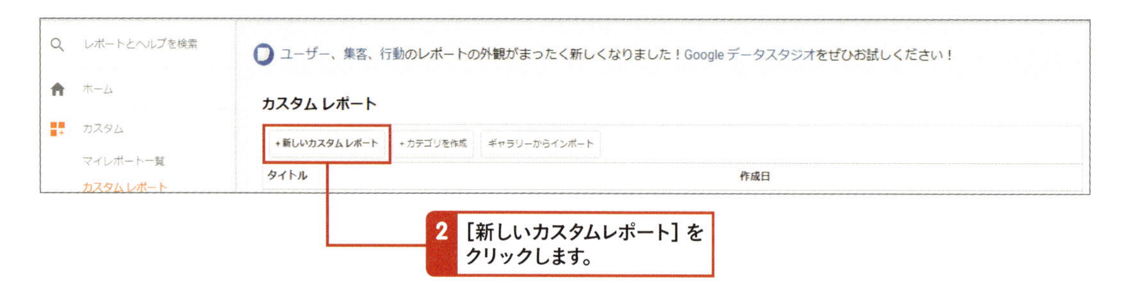

2 [新しいカスタムレポート] をクリックします。

2 [カスタムレポートの作成] 画面

次に [カスタムレポートの作成] という画面が表示されるので、次ページの図のように必要事項を入力していきます。

［全般情報］の［タイトル］には、このレポート名を任意に入力します。後からわかりやすいように名前をつけましょう。今回は「月別レポート」と入力します。

次に、［レポートの内容］に［名前］の入力欄があるので、ここも任意ですが「全体トラフィック」と入力します。そして、［種類］から「フラットテーブル」を選択します。

そうすると［ディメンション］と［指標］が入れ替わるので、入力をしていきます。［ディメンション］と［指標］は表の縦軸と横軸の関係です。今回は縦軸には「年月」、横軸に「訪問数」や「PV数」を表示させて、月ごとにアクセス数がどう変化するのかを確認出来るようにしてみます。

そのため、［ディメンション］から［月（年間）］を選択します。続いて、［指標］から以下の項目を追加していきます。

「ユーザー」、「セッション」、「新規セッション率」、「直帰率」、「ページビュー数」、「ページ/セッション」、「オーガニック検索」

［ディメンション］と［指標］を設定したら一番下にある［保存］を押してください。まずはこれだけで大丈夫です。

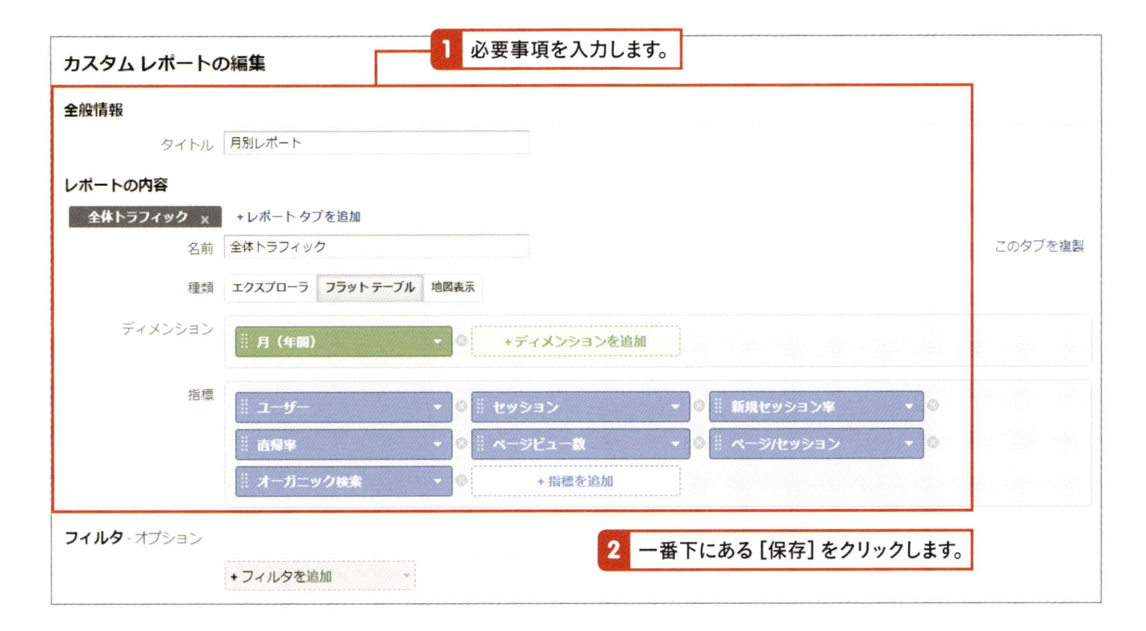

3 「月別レポート」が作成される

保存をすると、先ほどの［カスタムレポートメニュー］に「月別レポート」というカスタムレポートが作成されているはずです。

では、実際に「月別レポート」を押してみましょう。縦軸に年月、横軸に各指標が表示されているかと思います。

このままでもいいのですが、社内で共有したり見やすいようにデータで取得してみましょう。

右上の［エクスポート］をクリック、「Excel（XLSX）」を選択し、Excelファイルでダウンロードしてください。

すると、ダウンロードしたファイルのデータセットシートにデータが記載されているはずです。Excelファイルになっていれば、簡単にグラフの作成も可能です。

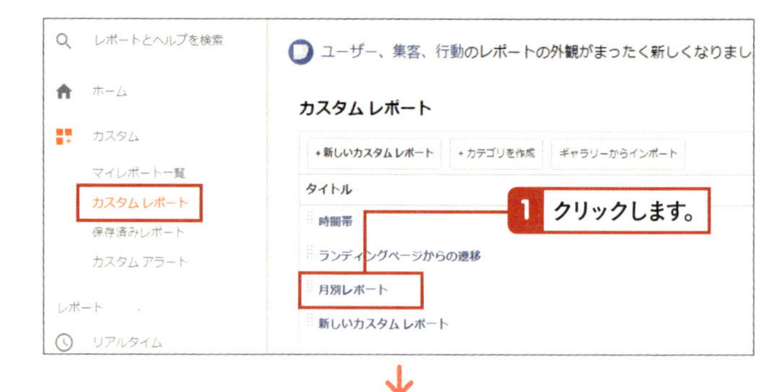

4 ダウンロードしたデータによるレポートの作成

筆者は、項目を追加して図のようなレポートを作成しています。流入の増加はひと目で分かるように視覚的なものと、テーブルを表示させて数値の把握もできるようにしています。

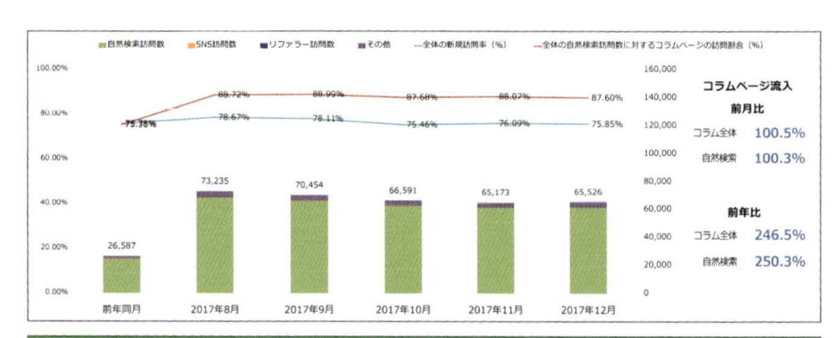

指標	前年同月	2017年8月	2017年9月	2017年10月	2017年11月	2017年12月
訪問数	24,606回	68,631回	65,996回	62,585回	61,421回	61,590回
PV数	27,499頁	79,091頁	76,754頁	72,794頁	72,075頁	72,599頁
新規訪問率	88.5%	86.0%	86.0%	85.7%	85.5%	85.1%
直帰率	92.4%	91.3%	90.8%	90.7%	90.4%	90.1%
平均PV	1.1頁	1.2頁	1.2頁	1.2頁	1.2頁	1.2頁
コンバージョンユーザーの訪問数	5回	9回	14回	13回	20回	18回
アシストコンバージョン数	2	14	8	8	16	8
Facebookシェア数	753回	1,178回	1,206回	797回	1,187回	1,227回

流入チャネル別の効果

では次に流入チャネル別のレポートの作成方法です。流入チャネルとは「どの経路からのアクセスなのか」という意味です。つまり、「検索エンジンから流入したアクセスでは問い合わせが何件あった」や「どこからの流入が一番多いのか？」などを把握することが可能です。

1 「月別レポート」から作成

では、早速このレポートを作るのですが、今度は「新しいレポート」を作成する必要はありません。先ほどの「月別レポート」の表示画面の右上にある［編集］で同じレポートに追加することが可能です。追加することにより、カスタムレポートを分けて開く必要がなくなるので、同じタイミングで見るレポートはまとめてしまいましょう。

［編集］をクリックすると、すでに作成したレポートの編集画面が表示されます。この画面で、［レポートの内容］にある［レポート タブを追加］をクリックします。すると、また新規のレポート作成画面が表示されるので、ここに流入チャネル別に取得したい指標を入力します。

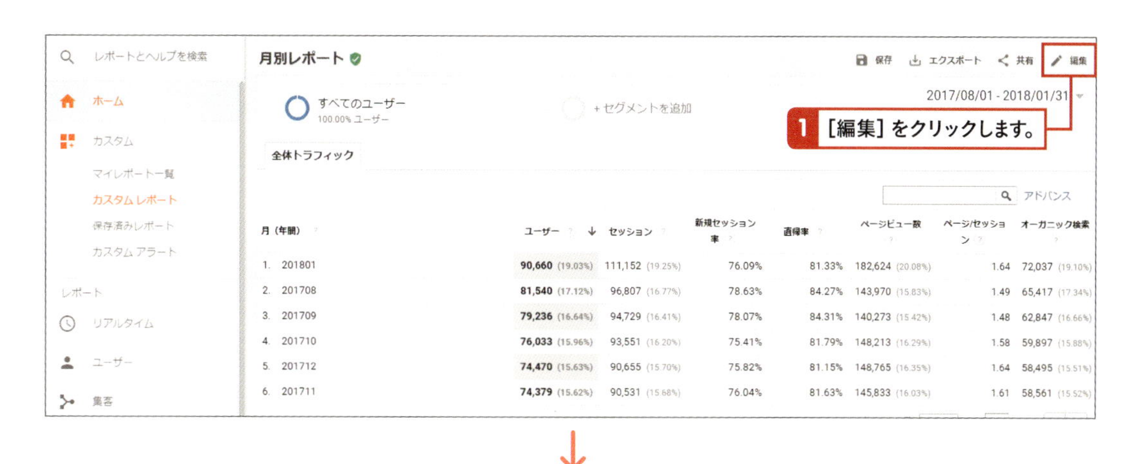

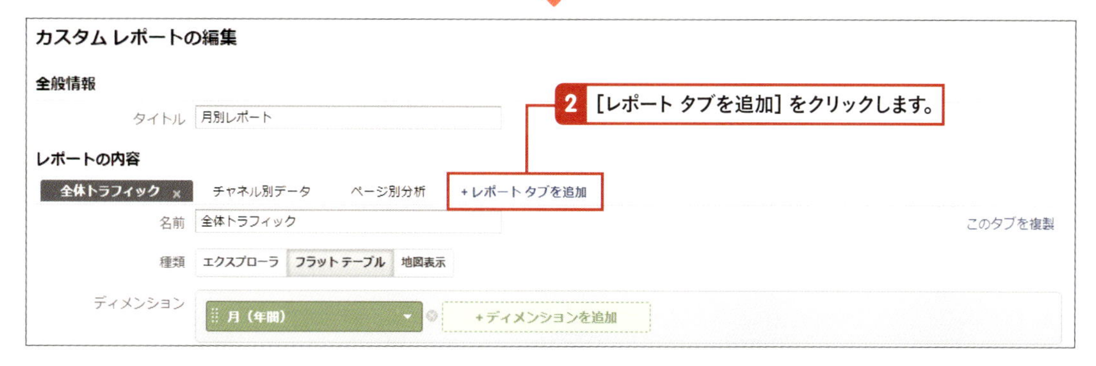

2 [カスタム レポートの編集] 画面で入力

入力する内容ですが、[名前] は任意で大丈夫ですが、今回は「チャネル別分析」と入力します。[ディメンション] には [デフォルトチャネルグループ] を選択します。

[指標] は以下を選択します。

「ユーザー」、「セッション」、
「新規セッション率」、「直帰率」、
「ページビュー数」、
「ページ/セッション」、
「目標の完了数」、「コンバージョン率」

[指標] を選び終えたら、[保存] をクリックしてください。下図のように、[チャネル別分析] のタブが追加されていれば成功です。

[チャネル別分析] タブをクリックすると流入チャネル別に選択した指標が表示されています。もちろん期間をセグメントすることも可能です。

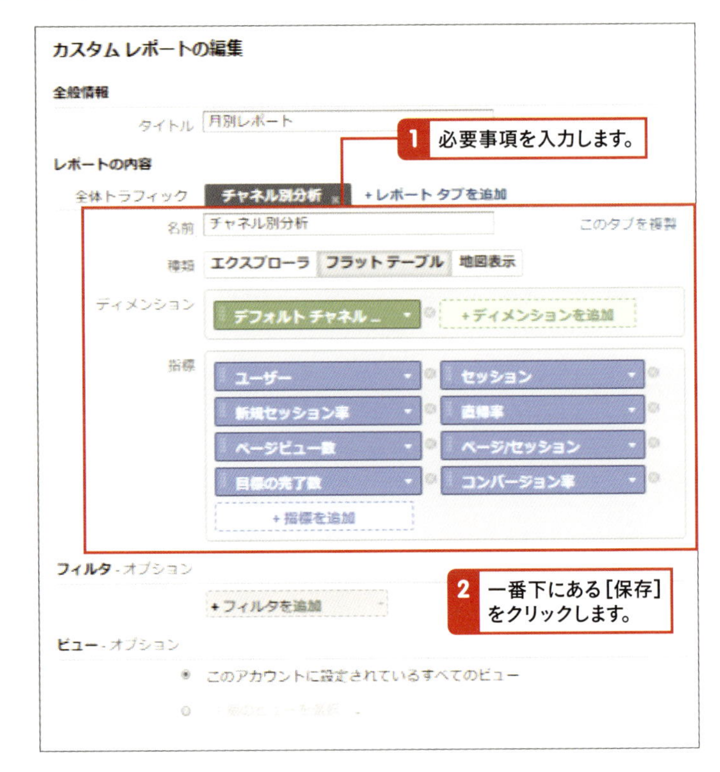

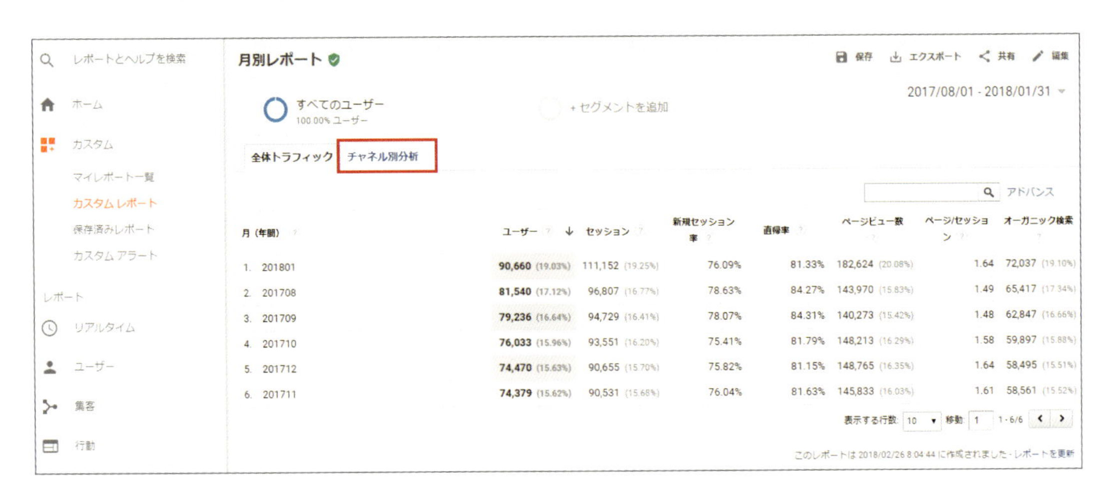

月（年間）	ユーザー	セッション	新規セッション率	直帰率	ページビュー数	ページ/セッション	オーガニック検索
1. 201801	90,660 (19.03%)	111,152 (19.25%)	76.09%	81.33%	182,624 (20.08%)	1.64	72,037 (19.10%)
2. 201708	81,540 (17.12%)	96,807 (16.77%)	78.63%	84.27%	143,970 (15.83%)	1.49	65,417 (17.34%)
3. 201709	79,236 (16.64%)	94,729 (16.41%)	78.07%	84.31%	140,273 (15.42%)	1.48	62,847 (16.66%)
4. 201710	76,033 (15.96%)	93,551 (16.20%)	75.41%	81.79%	148,213 (16.29%)	1.58	59,897 (15.88%)
5. 201712	74,470 (15.63%)	90,655 (15.70%)	75.82%	81.15%	148,765 (16.35%)	1.64	58,495 (15.51%)
6. 201711	74,379 (15.62%)	90,531 (15.68%)	76.04%	81.63%	145,833 (16.03%)	1.61	58,561 (15.52%)

3 ダウンロードしたデータによるレポートの作成

全体のアクセス数の推移と同様に[エクスポート]から「Excel (XLSX)」を選択し、Excelファイルでダウンロードすることで、Excel上でさまざまな加工することが可能となります。

筆者は図のように円グラフを作成し、ひと目で流入元の割合がわかるようなレポートを作成しています。

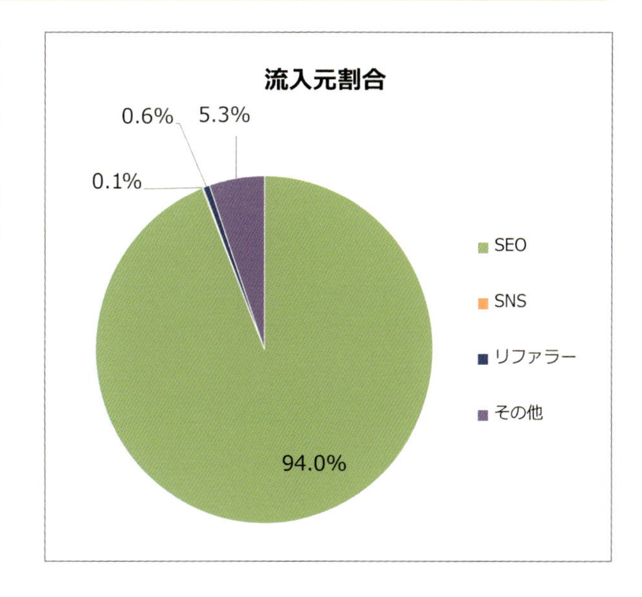

最初の入り口となったコンテンツ

最後のステップはコンテンツ改善に不可欠なランディングページに関するレポートです。流入のきっかけとなったコンテンツの分析をし、良いコンテンツと課題のあるコンテンツを把握しましょう。

1 「月別レポート」から作成

追加方法は前項と同じです。

まず、[カスタムレポートの編集]画面から[レポートタブを追加]をクリックしましょう。

新規のレポート作成画面が表示されるので、[名前]に「ページ別分析」と入力し、[種類]はこれまで同様で「フラットテーブル」を選択します。

取得する[ディメンション]は[ランディングページ]に設定します。また、[指標]は図を参考に次の項目を設定してください。

「ユーザー」、「セッション」、「直帰率」、
「平均ページ滞在時間」、「コンバージョン率」、
「目標の完了数」

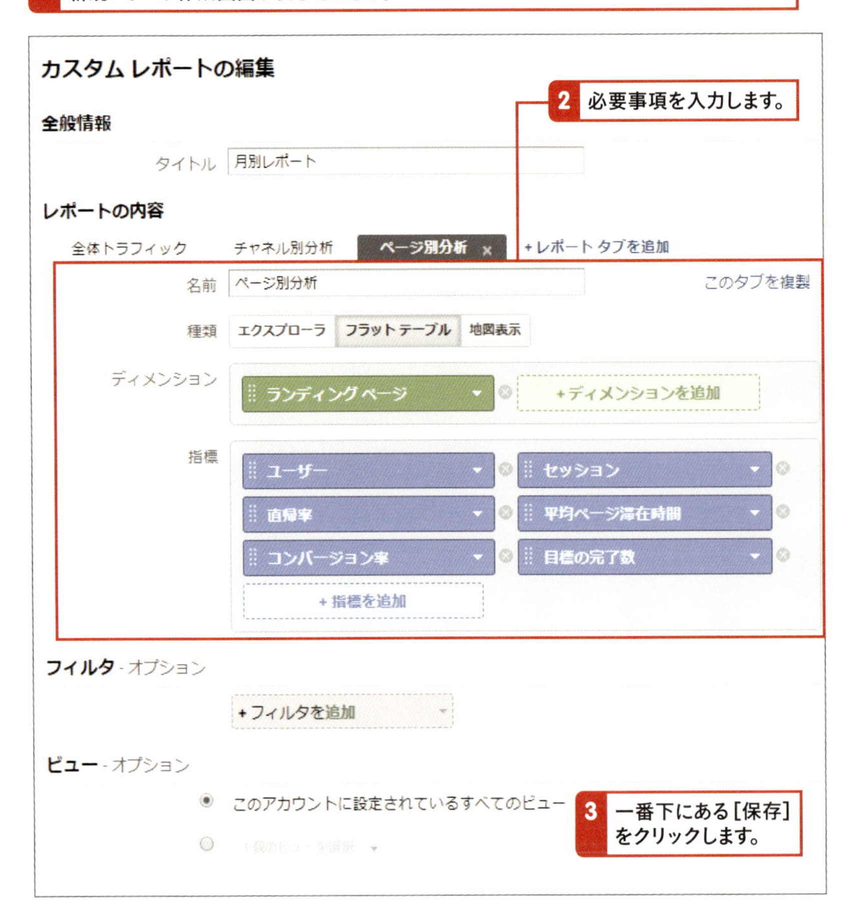

このレポートにより以下のようなことがわかります。

- どのコンテンツから流入するとコンバージョン（問い合わせ）が多いのか？
- どのコンテンツが他のページにも遷移してくれる良いコンテンツなのか？
- どのコンテンツが他のページに遷移やアクションをせずに離脱されているのか？

そして、P.72で事前に行った「読了率」の設定を組み合わせることで、離脱する割合（直帰率）が高かったページが「最後まで読んで離脱したのか？」と「最後まで読まずに離脱したのか？」の判別をすることが可能になります。

04 具体的なコンテンツ改善案

改善編

実際にレポートを作成できたら、今度は具体的に改善を行っていきましょう。オウンドメディアの運営は目的がさまざまなため課題箇所も色々です。全ての運用者がコンバージョンでは無いかもしれません。ただし、コンテンツの評価や改善は共通の課題でしょう。このセクションではGoogle Analyticsを利用したコンテンツの評価と改善ポイントを紹介します。

見つけたい3つのコンテンツ

「コンテンツを改善するにはどのような状態になっているコンテンツを見つけ出せばよいでしょうか？」

基本的にアクセス解析を用いて改善をする場合はこういったアプローチをすることをおすすめします。オウンドメディアのコンテンツ改善には、まずは以下の3つの状態の記事を見つけ出しましょう。

① 流入さえすれば、他のコンテンツを見たり、アクションを起こす確率が高いのに、訪問が少ない

② 訪問数が多いのに、最後まで読まずに途中で離脱する

③ 訪問数が多く、しかも最後まで読んでくれるのに、アクションを起こされない

いかがでしょうか？　このような状態であれば改善策が見えてくるのではないでしょうか？

①のように、来ればアクションを起こすようなコンテンツが特定出来れば、訪問数を多くすればよいことがわかります。

②の訪問数は多いのに、最後まで読まずに帰ってしまっているのは、ニーズとマッチしていない可能性が高いです。

③であれば、最後まで読んでくれているのにアクションを起こさないので、魅力的なアクションを促すポイントが欠けているでしょう。

このように、オウンドメディアの運用改善をするなら課題のあるコンテンツを探すことが有効となります。それでは、アクセス解析の中ではどうすれば上記の3つパターンのコンテンツを見つけることができるでしょうか？

①直帰率は低いが、流入が少ないコンテンツ

では、実際に①で説明した「アクションする確率が高いが、訪問数に課題があるコンテンツ」を見つけましょう。そのためにはGoogle Analyticsのどの指標を見ればよいのかを理解しましょう。アクションを起こす可能性が高いコンテンツは直帰率が低いです。直帰とは「訪問したが、他のページへ遷移せずに離脱すること」を意味します。よって、Google Analyticsの指標としては「直帰率が低いが、流入が少ないコンテンツ」を見つければよいのです。

そのためには前セクションで説明した「最初の入り口となったコンテンツ」であるランディングページを分析しましょう。すると、**01**のようなコンテンツが該当します。実際には、他の記事との比較にはなりますが、オウンドメディアであれば直帰率が50%未満であれば、アクション率は高いと考えてよいでしょう。

01 ランディングページで分析する「直帰率が低いが、流入が少ないコンテンツ」の例

ランディングページ	集客			行動			コンバージョン すべての
	セッション	新規セッション率	新規ユーザー	直帰率	ページ/セッション	平均セッション時間	コンバージョン率
自然検索トラフィック	37 全体に対する割合: 0.35% (10,563)	91.89% ビューの平均: 79.23% (15.98%)	34 全体に対する割合: 0.41% (8,369)	45.95% ビューの平均: 69.52% (-33.91%)	2.51 ビューの平均: 2.20 (14.29%)	00:01:53 ビューの平均: 00:01:26 (30.38%)	0.00% ビューの平均: 3.77% (-100.00%)
1. /column/about_manukahoney/manuka-honey-select-point/	37(100.00%)	91.89%	34(100.00%)	45.95%	2.51	00:01:53	0.00%

では、このようなコンテンツはどのように改善すればよいでしょうか？　直帰率は低いため、コンテンツの内容はとても魅力的な可能性が高いです。しかし、セッション数（訪問数）が少ないということは以下の可能性が高いです。

- そもそもニーズのないタイトル
- 適切なニーズのあるキーワードがタイトルに設定されていない

具体的なコンテンツ制作の仕方で紹介した通り、コンテンツを作る際は事前にキーワードを盛り込む必要があります。上記のような状態になっているコンテンツでは適切なタイトルになっていない可能性がありますので、まずはキーワードを見直してみましょう。もしもタイトルに問題がなくてもSEOに関する課題があるため、本書で説明した作り方になっているかを再確認し、改善しましょう。

②訪問数は多いが、直帰率が高い。かつ、読了率が低い

続いての改善ポイントは②の「訪問数が多いのに、最後まで読まずに途中で離脱されるコンテンツ」を探し出しましょう。先程と同様にランディングページを分析します02。

02 ランディングページで分析する「訪問数が多いのに、最後まで読まずに途中で離脱されるコンテンツ」の例

ランディング ページ	集客			行動			コンバージョン
	セッション	新規セッション率	新規ユーザー	直帰率	ページ/セッション	平均セッション時間	コンバージョン率
自然検索トラフィック	1,028 全体に対する割合: 1.59% (64,855)	94.07% ビューの平均: 79.28% (18.65%)	967 全体に対する割合: 1.88% (51,416)	85.70% ビューの平均: 70.73% (21.17%)	1.20 ビューの平均: 2.58 (-53.48%)	00:00:28 ビューの平均: 00:01:37 (-71.20%)	0.00 ビューの平均: 2.6 (-100.0
1. /column/honey/recommended-honeydispenser-and-storage-container/	1,028(100.00%)	94.07%	967(100.00%)	85.70%	1.20	00:00:28	0.0

ランディングページ分析により、02のように訪問数が多く、直帰率が高いコンテンツが見つかります。ただ、このままでは最後まで読んだのか、途中までしか読んでいないのかの判断がつきません。

そこで、すでに設定しておいたScroll Depthを活用します。03のように何%までの読了率かが分かるので、この指標を活用し、最後まで読んだのか途中で離脱しているのかを区別しましょう。50%未満が大半の場合は、タイトルとコンテンツの内容がミスマッチとなっている可能性があります。タイトルで設定した内容を読みたいと思ったユーザーにとって何が有益なコンテンツなのかを考えて、記事リライトを行いましょう。

03 Scroll Depthを活用した読了率の分析例

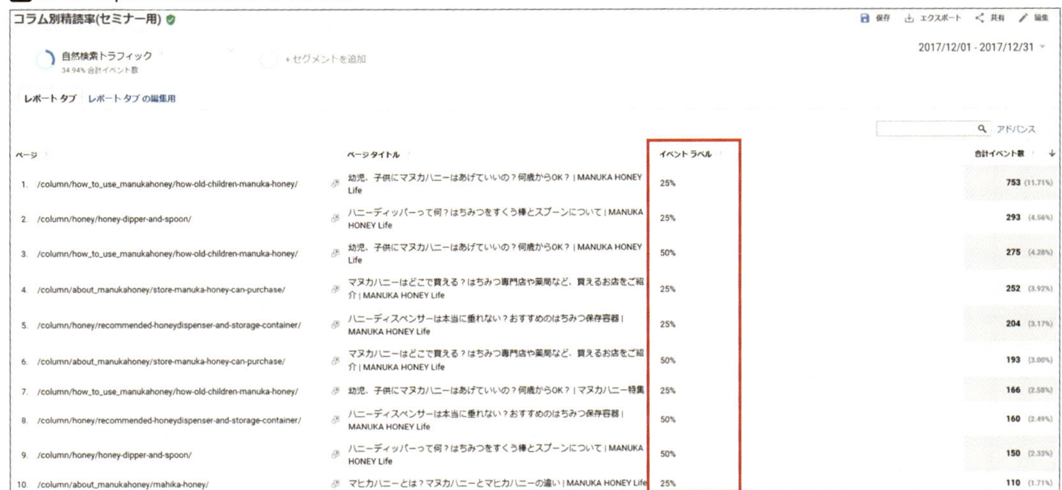

コラム別精読率(セミナー用)

保存 エクスポート 共有 編集

自然検索トラフィック 34.94% 合計イベント数

+セグメントを追加

2017/12/01 - 2017/12/31

レポート タブ　レポート タブ の編集用

アドバンス

	ページ	ページタイトル	イベント ラベル	合計イベント数
1.	/column/how_to_use_manukahoney/how-old-children-manuka-honey/	幼児、子供にマヌカハニーはあげていいの？何歳からOK？ | MANUKA HONEY Life	25%	753 (11.71%)
2.	/column/honey/honey-dipper-and-spoon/	ハニーディッパーって何？はちみつをすくう棒とスプーンについて | MANUKA HONEY Life	25%	293 (4.56%)
3.	/column/how_to_use_manukahoney/how-old-children-manuka-honey/	幼児、子供にマヌカハニーはあげていいの？何歳からOK？ | MANUKA HONEY Life	50%	275 (4.28%)
4.	/column/about_manukahoney/store-manuka-honey-can-purchase/	マヌカハニーはどこで買える？はちみつ専門店や薬局など、買えるお店をご紹介 | MANUKA HONEY Life	25%	252 (3.92%)
5.	/column/honey/recommended-honeydispenser-and-storage-container/	ハニーディスペンサーは本当に垂れない？おすすめのはちみつ保存容器 | MANUKA HONEY Life	25%	204 (3.17%)
6.	/column/about_manukahoney/store-manuka-honey-can-purchase/	マヌカハニーはどこで買える？はちみつ専門店や薬局など、買えるお店をご紹介 | MANUKA HONEY Life	50%	193 (3.00%)
7.	/column/how_to_use_manukahoney/how-old-children-manuka-honey/	幼児、子供にマヌカハニーはあげていいの？何歳からOK？ | マヌカハニー特集	25%	166 (2.58%)
8.	/column/honey/recommended-honeydispenser-and-storage-container/	ハニーディスペンサーは本当に垂れない？おすすめのはちみつ保存容器 | MANUKA HONEY Life	50%	160 (2.49%)
9.	/column/honey/honey-dipper-and-spoon/	ハニーディッパーって何？はちみつをすくう棒とスプーンについて | MANUKA HONEY Life	50%	150 (2.33%)
10.	/column/about_manukahoney/mahika-honey/	マヒカハニーとは？マヌカハニーとマヒカハニーの違い | MANUKA HONEY Life	25%	110 (1.71%)

③訪問数は多いが、直帰率が高い。しかし、読了率は高い

前項で読了率を改善したにも関わらず、直帰率が高い場合は導線を改善しましょう。最後まで読まれていますので、ユーザーにとって興味深い内容であった可能性があります。しかしながら、現状の導線では他のページへ遷移しなかったり、問い合わせに繋がっていない「もったいない状況」です。ユーザーの心理状況に合わせた導線を用意しましょう。

例えば、1つのコンテンツだけではユーザーの課題が改善しない場合を考えて、関連するコンテンツを表示させることも有効です04。

他にも、調べたコンテンツにマッチするホワイトペーパーを用意するのも有効です。05では「SEOについて」を調べたユーザーに対して、SEOについてを紹介した後に、自分でセルフチェックができるホワイトペーパーを用意している例です。

オウンドメディアでは成果として効果測定を行うことはもちろんですが、改善すべき課題を分析しPDCAを回していきましょう。

04 関連するコンテンツを表示

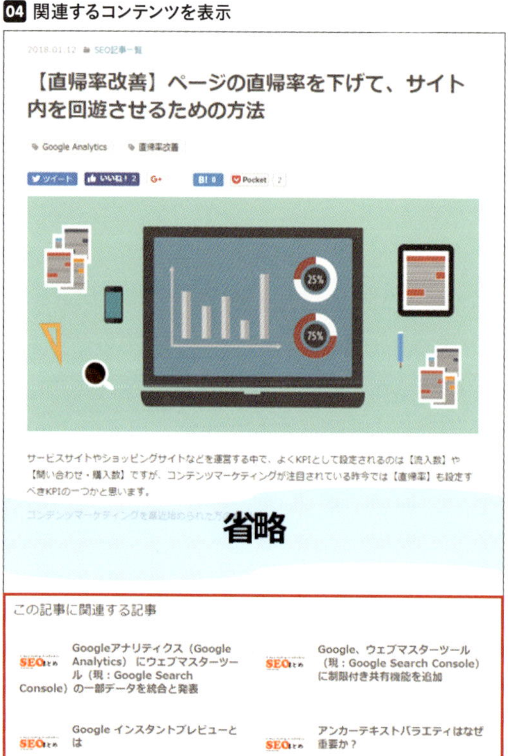

05 調べたコンテンツにマッチするホワイトペーパーを用意する

CHAPTER
7

成果を上げるために必要なこと

ここまでに紹介した方法でていねいにオウンドメディアを立ち上げれば、まず集客面において獲得ができるでしょう。しかし、Webマーケティングにおけるオウンドメディアが集客するユーザーの領域は、「ニーズが顕在化しているユーザー」から「まだニーズが潜在的である情報収集ユーザー」までと、幅広くあります。できれば「情報収集段階のユーザー」を「見込み客」にステップアップさせたいところですね。ここではさらに成果を上げるために必要なポイントを紹介します。

01 リードナーチャリングとその流れ

改善編

これまでにもオウンドメディアの成功には目的を明確にする必要があると伝えていますが、オウンドメディアで成果を上げるには、ユーザーの行動プロセスの中でメディアがどういう役割を担うのかをきちんと把握することが重要です。ここでは筆者の実践しているマーケティングモデルを参考に、リードナーチャリングの流れを紹介します。

リードナーチャリング視点のオウンドメディアの立ち位置

オウンドメディアは集客面においては優秀で、アプローチのアイデア次第では幅広いターゲットのユーザーを獲得することが可能です。しかしながら、選択肢の多い今の世の中では1回の接触でファン化に成功することはまずありません。つまり、オウンドメディアで集客した後にアクションを生むためにリードをナーチャリングする必要あります。01は筆者が実際に行っているマーケティング施策を簡単に表したものです。右上にオ

01 筆者が実際に行っているマーケティング施策の例

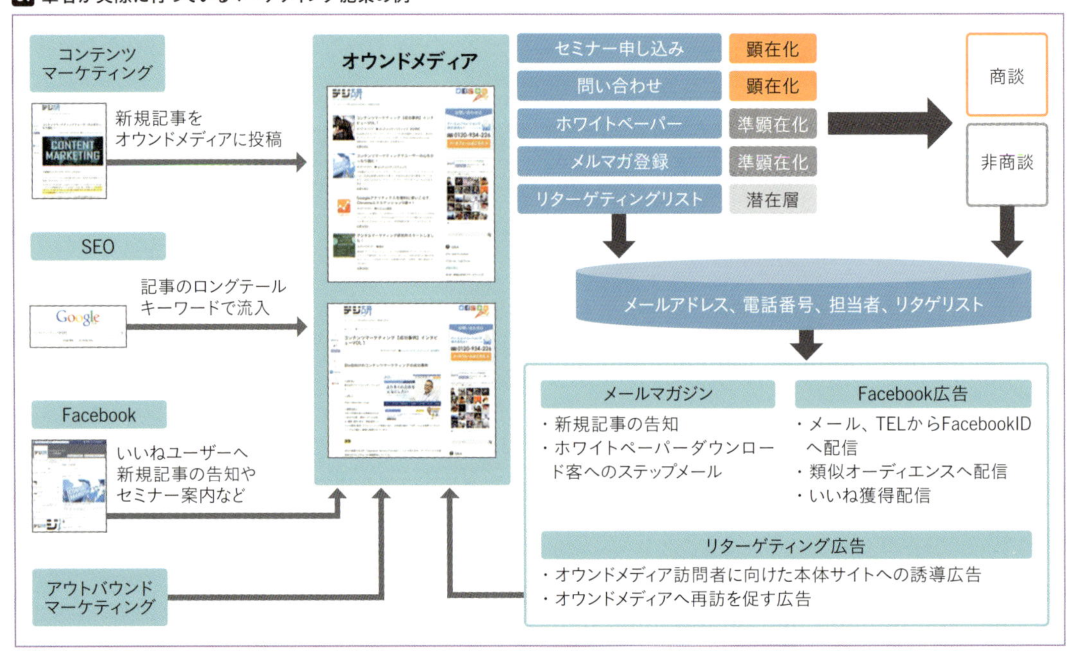

レンジで記載している箇所のように、すぐに問い合わせに繋がればよいのですが、実際はほとんどがそうではありません。筆者は、すぐに問い合わせをしなかったユーザーへはもっと有益な情報として「ホワイトペーパー」や「メルマガ登録」を促しています。そして、メルマガの開封数に応じて、ユーザー個別にアクションを行っています。

また、そもそも何のアクションも行わずに離脱したとしても、リターゲティングリストとしてデータを蓄積し広告のターゲットリストとして活用しています。

ホワイトペーパー

ホワイトペーパーとは直訳すると「白書」。元は英国政府が発行した公式外交報告書の表紙が白かったため、それを通称「White Paper（ホワイトペーパー）」と呼んでいました。ここから政府などの公開報告書をホワイトペーパーと呼ぶようになりました。マーケティング業界では近年、政府だけでなく企業においても報告書と呼べる内容のコンテンツをホワイトペーパーとして作成、配布しています。

もちろん無条件で公開することも可能ですが、企業が持つ独自のノウハウがつまった有益な情報をユーザーは欲していますので、成功するオウンドメディアではユーザーの情報（氏名、メールアドレスや企業名）をフォームへ入力してもらうことを条件に配布しています。

ホワイトペーパーに記載する内容

ホワイトペーパーとして最もよく書かれる内容としては、「企業が独自に行なった調査結果」が多いでしょう。商品開発をするためにラボや研究機関がある場合は、そういったデータを活用するのも手です。もしもそういった機関がなくても、製品開発者の方やサービスを設計した方が書くことが多いようです。

Forbes.comとTechTargetが実施したアンケートによれば、ホワイトペーパーをダウンロードするWebマーケターの目的については、下記のような調査データがあります。

- 業界のトレンド情報を知りたい (76%)
- 製品やベンダーの情報を知りたい (69%)
- 製品の比較に使いたい (50%)
- 購入決定のための参考にしたい (42%)
- ベンダー選定のためのリスト作成 (33%)

ホワイトペーパーといっても利用者の目的はさまざまです。特に「購入決定のための参考にしたい」という回答が4割以上、「ベンダー選定のためのリスト作成」も3割以上とサービス検討の情報にしているユーザーが半数以上もいることから、ユーザーが何を欲しているのかを掘り下げ、成功事例や自社サービスによる具体的な課題解決方法を記載し、サービス選定の動機付けを行うことが重要です。

ホワイトペーパーの基本構成

ホワイトペーパーは論文などと同様、以下のような流れで書くことが標準的です。

① 要約
② 課題共有
③ 解決策
④ 具体的な解決手段としてのサービス
⑤ 結論

サービス選定を行っているユーザーは複数のホワイトペーパーや資料を読んでおり、①の要約と⑤の結論を先に読み進めることがあるため、特に意識して記載しましょう。こういったユーザーは「この資料は我々の悩みを解決してくれるのか？」「この資料は有益な情報を提供してくれるのか？」を素早く見極めたいと考えていますので、冒頭から得られるベネフィットを提示するのも有効でしょう。

ホワイトペーパーのポイント

筆者は、「コンテンツマーケティングを検索して辿り着いたユーザーには“自分で行うコンテンツマーケティングのポイント”」、「SEOを検索して辿り着いたユーザーへは“SEOのセルフチェックシート”」というように、読んだコンテンツに合わせてホワイトペーパーを変えています 02 。

このようにホワイトペーパーを設けることでリード獲得に繋げるのですが、ポイントはコンテンツ制作と同様でペルソナ分析を意識し、多くのユーザーが共通して持つ課題など興味を持たれやすい内容を記載しましょう。

02 読んだコンテンツに合わせたホワイトペーパーの例

ホワイトペーパー　SEOニュースレポート　事例資料　サービス資料

SEOセルフチェックリスト

ご自身でセルフチェックと修正ができるよう、Googleが推奨する内部施策SEOのうち、重要なポイントをかいつまんでご紹介しております。

リスティング広告
セルフチェックリスト

ご自身でセルフチェックと改善ができるよう、費用対効果を改善するポイントをまとめてご紹介しております。

コンテンツマーケティング
虎の巻

コンテンツマーケティングを成功させるためのノウハウを「企画」と「制作」に分けてご紹介しています。

02 メルマガとリマーケティング広告

改善編

ホワイトペーパーがダウンロードされるたびにメールアドレスが蓄積されます。その際、営業によるアプローチを一度は入れるかと思いますが、まだまだ情報収集段階の場合もあるかもしれません。また、ホワイトペーパー自体がダウンロードされなかった場合にそれっきりにするのはもったいないです。ときには広告も利用し、効率のよいマーケティングを行いましょう。

メールマガジン

ホワイトペーパーのダウンロードなどで初めて接触してくれたユーザーに対して、普段から定期的に発行しているメルマガリストに入れるのも悪くないのですが、リードナーチャリング施策として押さえておきたいメルマガといえば、「ステップメール」です。ここでは準顕在層のターゲットを顕在層まで引き上げるステップメールを紹介します。

ステップメールとはユーザーの心理状況に合わせたメールを送ることでユーザーの購買動機をステップアップさせるメールマーケティングです。一般的に、準顕在層を短期的に顕在層へ引き上げることを目的としています。メールアドレスを公開した見込み度の高いターゲットだからこそ、高確率で顕在層に引き込みましょう。

ユーザーのステップに合わせたメール

ユーザーはホワイトペーパーのダウンロードや資料請求をしたとしても、まだまだ情報収集段階である場合が多いです。そういった心理状況でクロージングを行うと警戒心が高まり、信頼を失うことになります。一般的には01のようなステップで信頼構築を行った後にベネフィットを伝え、クロージングに繋げます。このようなステップアップを活用することで成果を上げていきましょう。

ポイントは「問題点の明示」です。情報収集段階のユーザーはそもそも自分に何の問題があるのかも気づいていない場合があります。普段から遠回りしているのに何気なく過ごしていることや不満と思っているが仕方のないことだと諦めているユーザーに解決できるソリューションがあるのだということを教育しましょう。

01 ユーザーのステップに合わせたメールの例

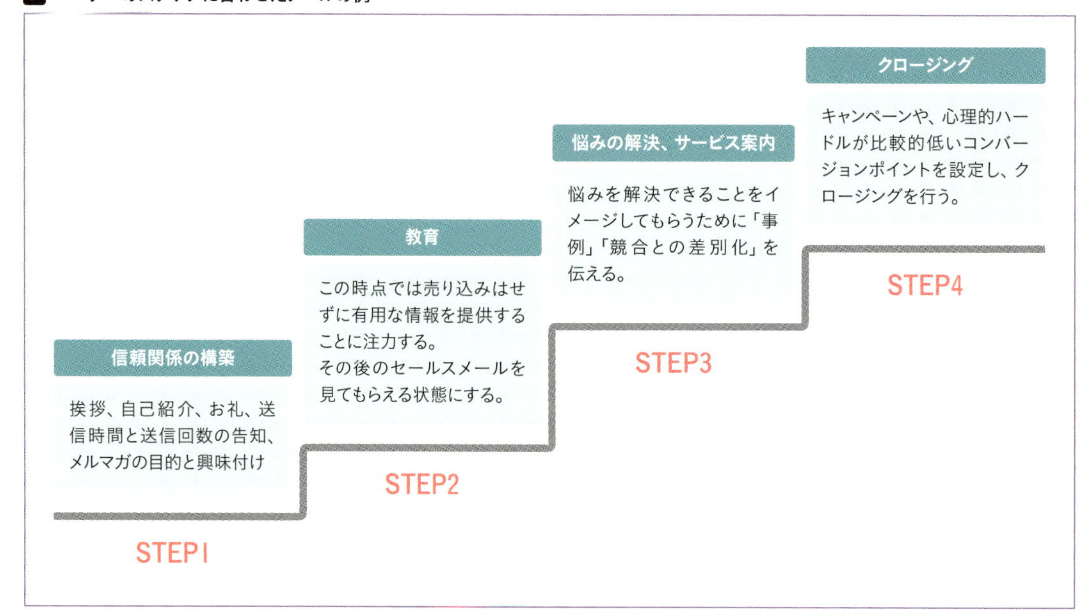

リマーケティング広告

メルマガを打つにはすでにメールアドレスを取得している必要があります。ただし、多くの場合はメールアドレスの取得までクライアント情報を取得していません。そこで、有効なコンテンツを閲覧したユーザーに対しては広告を利用してでも再訪して欲しい場合があります。そこで有効なWeb広告が「リマーケティング（リターゲティング）広告」です。

リマーケティング（サイトリターゲティング）とは、Webサイトに一度訪問したユーザーを追跡して、継続的に広告を表示させる手法で、Google AdWordsが提供する「リマーケティング」と、Yahoo!プロモーション広告が提供する「サイトリターゲティング」が存在します。

一度、サイトに訪問したユーザーに対して繰り返し広告を表示することで、潜在意識の中で閲覧意欲を増加させることが可能です。主に見込み客を刈り取るために使用されています。

オウンドメディアマーケティングでもホワイトペーパーのフォーム画面までアクセスしたのに最後までアクションしなかったユーザーなどにリマーケティング（サイトリターゲティング）で刈り取りを行うという手法は有効な施策の一つとなっています。

リマーケティング広告にも複数の種類があります。例えば、RLSA（検索広告向けリマーケティング）では単純にサイトに訪れたユーザーというセグメントだけではなく、その中で特定のキーワードを検索したユーザーとさらに絞り込むことができる広告メニューです。他にもDSPサービスを利用することでターゲットユーザーの絞り込みが可能です。

COLUMN

オウンドメディアに関するよくある質問

オウンドメディアを運営しているとさまざまな悩みや疑問が出てきます。ここではオウンドメディア運営に関するよくある質問をご紹介します。

Q. 文字数はどれくらいがいいの？

A. 2014年頃、日本ではとあるWebコンサルタントがコンテンツとしては900文字程度必要でしょうと回答したことがあり、1,000文字程度のコンテンツが主流となる時代がありました。そこからライバルに差をつけるためとして、現在は1,500文字程度のコンテンツが主流となっています。また、特定の上位表示したいキーワードについては情報を網羅するために6,000文字以上といった長文コンテンツも増えてきました。

Q. 更新頻度はどれくらいが望ましい？

A. 結論から言うと、多ければ多いほど望ましいです。記事数と流入数には相関性があります。月に何本書けば必ず流入が何件増えるという絶対的な数字はありませんが、一般的なジャンルのメディアにおいては月間で15本（2日に1度）程度の記事追加更新を行うと1年後に2万アクセスの増加。月間30本の更新で1年後に5万アクセス。月間50本で1年後に15万アクセス。月間100本で1年後に50万アクセス程度の流入を獲得しています。

Q. 画像は利用した方がいいの？

A. 二つの観点から利用をおすすめします。一つは単純にユーザーが読みやすいことです。文字だけのコンテンツは堅苦しく、読む気も減退します。500字に1枚程度の画像の挿入は読みやすい印象を与えるでしょう。また、もう一つの観点はSEOへの影響です。Googleは単純な文字だけのメディアより、さまざまな読者にとって魅力的なリッチなコンテンツを好みます。素材の用意が可能であれば動画を合わせることも有効です。

Q. 自社サービスは自分たちが一番知っているのにアウトソースって有効なの？

A. 一般的なコンテンツ制作会社では、自社サービスについての知見は深くないでしょう。ただし、自社ですべてを用意している企業の方が失敗している傾向にあります。オウンドメディアにはライティング技術も必要とされるためプランナーやディレクターは確保してもライターについては外注しているケースが多いようです。

Q. 記事を外注している場合の費用はどれくらい？

A. サービス提供企業により価格はまちまちですが、1,500字程度の記事では3万円前後が一般的となっています。本書にあるようにディレクションや記事概要はすべて自分で行い、ライティングだけを依頼するとなると1万円程度が相場です。もちろん、特別なライターを利用する場合により高額となるケースもありますので、あくまで目安としての参考値です。

Q. 導入に際して社内が理解してくれませんが、みんなはどうしているの？

A. 多くの担当者が社内理解を得られず、協力者が得られないことに悩んでいます。導入に際してはアクセス解析が役立ちます。現状のWebサイトのアクセス解析でreferralと呼ばれる他サイトからの流入を分析し、他サイトからの流入は過去にどのような効果があったのかを調査することや雑誌に取り上げられた反響などを参考にすることも有効です。

Q. 他サイトから流入がない場合はどうやってシミュレーションをすればよい？

A. 過去に他サイトからの流入が無ければアクセス解析のしようがありませんが、現在は「ネイティブアド」と呼ばれる他サイトに記事を掲載してもらえる広告サービスがあります。オウンドメディアの効果を予測するために、ターゲットユーザーが訪れるメディアにコンテンツを掲載してもらい、その効果を分析することが可能です。

Q. CMSは何を選んでいるの？

A. 日本のオウンドメディアでは、本書でもプラグインを紹介したWordPressの利用が無料のため一般的でしょう。オウンドメディアに利用できるプラグインも充実していることとオウンドメディア用のテーマファイルなども販売されており始めやすいです。次いで、有償でサポートもあるMovable TypeというCMSの利用度が高いです。

Q. 記事の流入効果が得られるにはどれくらいかかるの？

A. SEOによる流入であれば3ヶ月程度が目安になります。月に10本以上の更新を行うオウンドメディアであれば3ヶ月後にBtoC向け記事であれば月間400アクセス／記事、BtoB記事では月間250アクセス／記事程度の流入数が目安となります。

Q. ブログサイトの利用ではダメなの？

A. アメブロやyaplog!といった無料のブログサイトは情報発信を始めるには非常に簡単です。しかし、これらのブログサービスは提供する会社のドメイン配下で展開することになります。よって、メディアが育ってから、オウンドメディアにコンテンツを移設しようとしても流入を引き継ぐことができません。また、コンテンツの表現方法にも制限があったり、上手く解析や連携がとれないため、腰を据えた運用には不向きです。

03 セルフチェックをしてみよう

改善編

これまでにオウンドメディアの成功ノウハウをお伝えしてきました。ていねいに実践してもらえれば必ずトラフィックの獲得が可能なはずです。ただし、理解しただけで実装がされていなければ、それは絵に描いた餅となるでしょう。最後に漏れが無いようセルフチェック項目を用意しましたので、実装漏れが無いように確認しましょう。

オウンドメディアのセルフチェック

作成したオウンドメディア自体（サイト自体）に関するチェック項目です。どれもとても重要なので、必ずチェックしましょう。

- □ head内主要タグは最適化されていますか？
- □ 見出しタグは最適化されていますか？
- □ 同じテーマのコンテンツはグルーピングされたディレクトリ構成ですか？
- □ Search Consoleの登録はしましたか？
- □ スマートフォンユーザーにとっても見やすいサイトですか？
- □ パンくずリストは設定されていますか？
- □ エラーページの設定は正確に行えていますか？
- □ sitemap.xml、robots.txtを設置していますか？
- □ Google Analyticsの設定はしましたか？
- □ 構造化マークアップを設定していますか？

コンテンツ制作のセルフチェック

掲載する各記事コンテンツに関するチェック項目です。こちらも掲載するごとに必ず確認しましょう。

- □ 検索ニーズのあるキーワードを調査しましたか？
- □ タイトルにはターゲットキーワードが盛り込まれていますか？
- □ 記事管理票は作成しましたか？
- □ 執筆ルールは策定しましたか？
- □ コンテンツの中にページで設定したキーワードは盛り込まれていますか？
- □ 使用した画像は圧縮しましたか？
- □ 画像にaltタグは設定しましたか？
- □ コンテンツのURLは英語やローマ字で意味が分かりますか？
- □ Fetch as Googleはしましたか？
- □ SNSで拡散しましたか？

CHAPTER 8

成功しているオウンドメディア事例

最後のCHAPTERでは、実際に成果を上げているオウンドメディアの実例を紹介します。一口にオウンドメディアといっても、運営している企業が販売する商品・サービスや目的、目標、ターゲット…etcにより、そのあり方はさまざまです。このCHAPTERでは、5つのオウンドメディアの制作・管理のご担当者に直接インタビューすることで、それぞれ立ち上げの動機や得られた成果、課題や問題点、そのほか大切なポイントなどを伺いました。あなたのオウンドメディアに近いケースもあるかも知れないので、ぜひ参考にしてみてください。

成功事例「モバレコ」

運営会社 株式会社オールコネクト

事例URL https://mobareco.jp/

株式会社オールコネクトが運営する「モバレコ」は、“スマホをもっとわかりやすく、もっと便利に”をスローガンに、スマートフォンに関する役立つ情報、お得な情報をお届けしているオウンドメディアです。2014年8月に運営を開始し、今ではindex数5,000。月間600万PVもの閲覧があります。Webコンテンツ企画部統括部長・高瀬邦明氏からお話を伺いました。

モバレコ - SIM・スマートフォンの総合情報サイト

マーケティングにおける課題と、オウンドメディアを作った動機

当社は、インターネット回線やモバイル回線などの通信インフラやスマートフォンなどの通信機器を代理販売する会社で、コラムコンテンツを展開するオウンドメディアの他に、いくつかのサービスサイトやECサイトを持っています。オウンドメディアを作った動機としては、ファンの獲得と、ECサイトへの送客がメインです。

元々はリスティング広告などのインターネット広告を利用した集客に重点を置いていたのですが、市場にアッパーがきていたこともあり、そもそもユーザーのマインドから作り変えていく必要がありました。

年間約3,000万台のスマートフォンが販売されているのですが、その中でインターネットからスマートフォンを購入する人は約10%程度です。海外だと一般的なことなのですが、日本ではまだ、スマートフォンをインターネットで購入するということが一般化されていないのです。そのため、スマートフォンをインターネットで買うという文化を作っていく必要があると考え、「インターネットからスマートフォンや格安シムが買える」、「機種変更ができる」ということを認知してもらうためにメディアを作ることになりました。

洋服の通販も今では一般化されていますが、昔は「洋服をインターネットで売るなんてうまくいかない」と言われていたところから、通販会社が頑張って少しずつ認知を積み上げていって、今では洋服をインターネットで買うことが当たり前になりました。しかも、実店舗よりもインターネットのほうが品揃えが良い、安く買えるなど、インターネットだから実現できるメリットもたくさんあります。当社では、それと同じように、「スマートフォンをインターネットで買う」ということを文化にしたいと考えています。

オウンドメディアの運営体制

オウンドメディアをはじめたばかりの頃は、3名体制でした。その当時は、とにかくたくさんのコンテンツをアップしようということで、月70本から100本はコンテンツを更新していました。

現在は、コンテンツの企画やライターとのやり取りをするコンテンツディレクターが4名。ディレクターから上がって来るドキュメントをHTMLにコーディングするコーダーが1名。SEOなどのマーケティングを担当しているマーケターが1名。CSSなどの修正をするデザイナーが1名。そして、全体のディレクションをしているのが僕です。ライティングについては内部のディレクターがおこなうこともありますし、外部のライターに依頼することもあります。

現在でも月間に30本から40本は新規のコンテンツをアップしています。もちろん新規コンテンツの更新も重要ではあるのですが、検索順位を上げていくためにはリライトが重要だと考えているので、今はリライトに割いている時間の方が多いかも知れません。

そのため、コンテンツの分析指標も、単純にPVやセッションだけではなく、狙っているキーワードが検索結果の上位に上がっているのか、コンテンツの内容や導線が悪くないか、コンテンツがどこまで読まれているのか、読了率なども日々チェックしたりしていま

す。また、SEO的な改修も常に行っています。

オウンドメディアを作ったことで得られた成果

制作したコンテンツが検索結果の上位に表示されるようになったことで、ユーザーとのタッチポイントが広がっていきました。スマートフォンに詳しい人だけではなく、さまざまな方にモバレコを認知していただくことができたのは大きな成果だと考えています。

モバレコが認知されるようになってから、ECサイトの売上も非常に伸びました。スマートフォンの購入検討期間は長くて、体感値ではありますが1週間から1ヶ月はかかります。よっぽど購入意思が固まっている人じゃなければ、即購入はなかなかありえない。当社ではユーザーの検索行動を可視化できるようなツールを導入して、アトリビューションなどを見ているのですが、ユーザーとのタッチポイントが増えたことで、今では月間1,000台以上のスマートフォンがオウンドメディア経由で売れている状況です。

また、スマートフォンの販売事業を開始した当時は、メーカーから実機をレンタルするのが難しかったりしたのですが、オウンドメディアが成長してからは、レンタルも非常にスムーズになりました。新機種が発売されてすぐに紹介コンテンツが出せるようになったのは、オウンドメディアが成長したからこそ得られた成果ですね。

アトリビューション、CVとは？

アトリビューションとは、ユーザーがCVに至るまでに、どのような広告やコンテンツを見たのか、行動履歴を測るための分析手法です。直接的にCVに至ったページだけではなく、ユーザーがCVに至るまでの行動を分析することで、CVに影響のあるコンテンツを知ることができます。
またCVとは、conversion（コンバージョン）の略で、Webサイトにおけるゴール地点のことです。資料請求や問い合わせ、商品購入など、Webサイトによって CVの設定は異なります。

成果を感じはじめた時期やKPIの変化について

2014年の8月にオープンしたサイトですが、今では月間600万PVほどのメディアに成長しています。運営を開始して1年程度で100万PVくらいになっていました。社内にノウハウがたまってきたこともあるのですが、100万PVを超えたあたりからの伸び率が凄かったですね。

初期の頃はKPIとしてUUをとても気にしていました。運営当初は100万UUを目指そうということだったのですが、100万UUを突破したあと、同じように300万UUを目指そうという目標になりました。しかし、100万UUから300万UUになっていく過程で、UUが増えてもCVや売上が変わらなくなったんです。やっぱり、UUを増やすだけではなく、売上を上げていかないと意味がないということで、現在はあまり流入の部分は気にせずに、リスティングでCVがあったキーワードを使ったコンテンツを作ったり、販売につながりやすいキーワードで上位表示させたりすることに重点を置いています。

フェーズによってKPIは変化していくものだと考えていて、まずは認知してもらうために流入をKPIにしていましたが、流入が一定数集まった現在のフェーズでは、ECサイトへの送客やCV数など、売上に直結する項目をKPIにしました。はじめからCVを目標にしてしまうと、力が入りすぎて更新が進まなくなったりするので、はじめのうちは流入をKPIに設定してみるといいと思います。

オウンドメディアに求める目的をしっかり定めておくことは非常に重要です。目的がなく、ただなんとなくサイトを更新していくと、何をやっているのかわからなくなりますからね。

PV、UU、KPIとは？

PV（ピーブイ）とは、Page View（ページ・ビュー）の略で、Webサイトのページが何回開かれたのかを示す数値です。1人が6ページを閲覧した場合、6PVとなります。ユーザーがサイトをどのくらい閲覧しているのかを知るための重要な指標です。

また、UU（ユーユー）とは、Unique User（ユニーク・ユーザー）の略で、Webサイトに訪れたユーザーの数を示す数値です。PVとは違い、特定期間内であれば1人の閲覧が1UUとなります。Webサイトがどれほどの人数に閲覧されているのかを知るために重要な指標です。

そして、KPI（ケーピーアイ）は、Key Performance Indicator（キー・パフォーマンス・インディケーター）の略で、企業目標の達成度を評価するための主要業績評価指標のことです。すこしややこしい言葉ですが、プロジェクトの業績（Performance）を測定するための指標（Indicator）のうち、鍵（Key）となる目標のことです。

これからの課題

これからの課題はECサイトとオウンドメディアの統合です。

現在、コンテンツを展開する「モバレコ」とは別に、「モバレコ バリューストア」というECサイトが存在しています。ドメインが別れていることによって、SEOで上位表示されるページが別れてしまっている状態なんです。例えば、「iPhone」と検索した際、上位に表示されるのはモバレコ バリューストアにあるような製品ページです。しかし「iPhoneの設定」や「iPhoneの評価」などの検索した場合だと、お役立ちコンテンツをアップしているモバレコの方が上位に表示されます。SEOでの評価が分散してしまうのは、非常にもったいないですし、製品コンテンツを複合的な検索ニーズがあるコンテンツで下から支えるという構造にした方が、SEO的にもユーザーの導線的にも良いと考えているので、この2つのサイトを統合したいと考えています。

ただ、合体したときのデメリットというものももちろん存在しています。モバレコは現在AMPにしていて、ユーザーが早くページを読み込めるようにしていたりするのですが、ECのページの方もAMPにするのかというと、しないと思います。そういった機能の違うページに対する最適な扱いが違ってくるところが難しい点です。

AMPとは？

AMP（アンプ）とはAccelerated Mobile Pages（アクセラレイティッド・モバイル・ページ）の略で、Googleが推進している、モバイル端末でWebページを高速表示するための手法のことです。

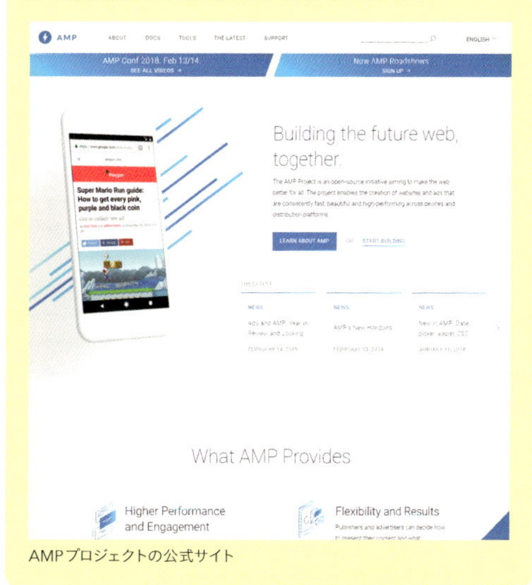

AMPプロジェクトの公式サイト

もしモバレコをやっていなかったら

今でもリスティング広告に多額の費用を使っていたでしょうね。

リスティング広告は、一時的なニーズを持ったユーザーを刈り取っていくものだと考えているので、顧客とコミュニケーションを取ってリピーターを作っていくのは非常に難しいですね。リスティング広告だけに頼り続けていても、費用がかかるばかりですし、当社が目指している未来とは違うという認識がありました。

きちんと顧客とコミュニケーションを取って、リピーターを増やしていくためには、メディアを作っていくことはベストな選択だと考えています。

オウンドメディアを運営するうえで重要なこと

コンテンツを作る上で重要なのは、やはり「ユーザーにとっていかに有益な情報を提供できるのか」という点に尽きます。ただ数を量産すればいい、という考え方のメディアはうまくいかない。検索ニーズをきちんと分析したうえでコンテンツを作って、上位表示したいコンテンツの下層に関連するコンテンツを積み上げていけば、後発メディアでも勝ち目はあると思います。

また、オウンドメディアからサービスサイトへ送客する、売上を上げるために重要なことは、コンテンツに関連するキャンペーンやサービスを適切な導線でうまく誘導することだと思います。年々インターネットを利用するユーザーのリテラシーは上がってきていて、他社のサイトと比較されるなんて当たり前のことです。自社でしか提供できない付加価値をつけて、読みやすい導線設計を作ってあげることは必須だと考えます。

そして、オウンドメディアを安定して運営するためには、社内の理解や協力が非常に重要です。ただ、目的や成果が曖昧なままで社内の理解を得るのは難しいでしょう。どういった目的でオウンドメディアを運営したいのか、どういった成果が出るのかをきちんと示していくことが大切なのだと思います。

シミラーウェブ
https://www.similarweb.com/ja

ツールからひも解く！ 「モバレコ」成功の秘訣

キーワードプランニングのCHAPTERでも出てきたシミラーウェブを使用して、モバレコが成功している秘訣をひも解いていきましょう。まず、モバレコに流入してくるユーザーがどのようなキーワードで検索しているのかを見てみます。「検索回数」の項目は、そのキーワードが月にどのくらい検索されているのかを指す指標なのですが、ほとんどのキーワードが検索回数の多いビッグキーワードです。また、「オーガニックVS有料」の項目を見てもわかる通り、すべての流入が自然検索からとなっています。モバレコでは、多くのビッグキーワードがSEOに成功しているということですね。

	検索ワード 33,927	トラフィックシェア	変化	オーガニック vs 有料		検索回数
1	格安sim	5.54%	↑ 13.56%	100.00%	0%	238,250
2	格安sim 比較	1.74%	↑ 23.04%	100.00%	0%	41,260
3	mvno 比較	1.56%	↑ 22.68%	100.00%	0%	14,560
4	iphone se	0.94%	↑ 73.53%	100.00%	0%	159,750
5	mvno	0.82%	↓ -19.72%	100.00%	0%	60,880
6	格安sim 速度	0.79%	↓ -19.92%	100.00%	0%	14,400
7	simフリー スマホ	0.70%	↑ 23.91%	100.00%	0%	47,720
8	bluetooth	0.66%	↓ -40.6%	100.00%	0%	110,000
9	mvno 速度	0.60%	↑ 116.96%	100.00%	0%	7,480

流入キーワード

実際に、流入の一番多い「格安sim」で検索すると、モバレコのコンテンツが１位と２位に出てきますね。では、なぜモバレコのコンテンツがこのように成功しているのでしょうか。

モバレコのコンテンツを見てみると、成功の秘訣が見えてきます。まず、１万字以上のテキストで格安SIMに関する情報を網羅しています。また、写真や比較表などを使用して、とてもわかりやすい構成となっています。他のサイトと比較しても、各社の比較図を取り入れるなど、ここまで詳細にまとめられているサイトはありませんでした。このように、情報を網羅していて独自性の高いコンテンツは、検索エンジンからの評価が高く、上位表示しやすい傾向にあります。

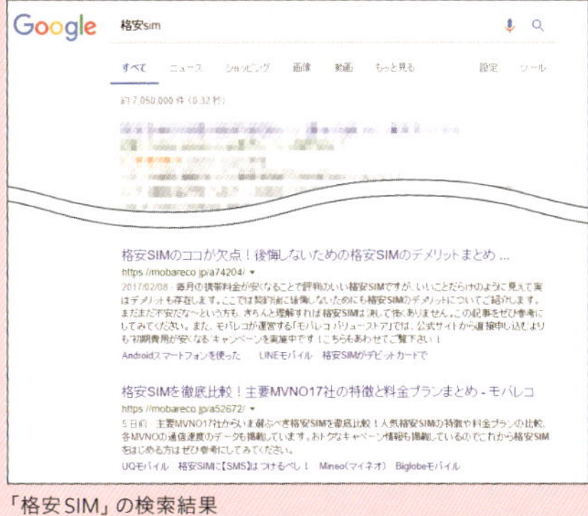

「格安SIM」の検索結果

https://mobareco.jp/a74204/

「モバレコ」のポイントまとめ

Webコンテンツ企画部統括部長 高瀬邦明氏

オールコネクトは、オウンドメディアやコンテンツマーケティングが、日本でまだあまり浸透していない頃から運営に取り組んでいました。「オウンドメディアを通じて顧客とのタッチポイントを広げ、コミュニケーションを取りたい」、「ECサイトへの送客をしたい」と、非常に明確な目標を持って運営に取り組んでいることが、成功のポイントであると考えられます。そうしたオウンドメディアの役割・目標・目的をしっかりと定めて動くことで、必要な施策が明確になり、また社内の理解も得やすくなります。

運営当初からSEOのことを考えてサイト設計やコンテンツ設計を行っていることも非常に素晴らしい点です。どんなに素敵なコンテンツを作っても、Webサイトが上位表示しにくい設計になっていたり、コンテンツが検索エンジンから評価されづらい設計になっていたりしたら、そもそもユーザーに露出することができません。

ユーザーに有益なコンテンツをきちんとユーザーに届けるという視点は必ず持つようにしましょう。

02 成功事例「みんなのウェディング」

運営会社 株式会社みんなのウェディング
事例URL https://www.mwed.jp/

株式会社みんなのウェディングが運営する「みんなのウェディング」は、国内約5,500の結婚式場情報と、先輩花嫁による実体験に基づいた本音の口コミ、最終費用が分かる実際の費用明細など花嫁・花婿が真に知りたい情報から結婚式場を探せるメディアです。サービスに直結する結婚式場検索から、「結婚準備マニュアル」などのコラムまで網羅しているサイトです。結婚メディア領域ユーザーコンテンツ開発部の笠悠希子氏と堀宏美氏からお話を伺いました。

みんなのウェディングニュース｜結婚式が楽しくなる情報を発信！

マーケティングにおける課題と、記事コンテンツを作った動機

「みんなのウェディング」は、結婚式場の検索がメインサービスのWebです。その中の「結婚準備マニュアル」と「みんなのウェディングニュース」というメニューが記事コンテンツとなっています。結婚式場の検索コンテンツだけだと、「自分の結婚が決まって、結婚式場を探す」というタイミングでしかサイトに訪れてもらえないため、見込ユーザーに対してリーチしにくいという課題がありました。

そこで、結婚にまつわる悩みや疑問に対して答えを提供するようなコンテンツを持つことで、結婚式に参列する方や、将来的に結婚式を挙げる方など、少しでも結婚式に接点があるユーザーへのリーチを広げ、まずは「みんなのウェディング」というサイト自体を認知してもらおうと考え、このような記事コンテンツの展開をはじめました。変遷はあったものの、現在の「マニュアル」と「ニュース」という形に落ち着いたのは、約1年前ですね。

サービスと記事、分ける／分けない？

「みんなのウェディング」は、サービスサイトの中に記事コンテンツ用のディレクションを持つ、一体型メディアとして運営されています。サービスと記事でドメインを分けて運営するという選択肢ももちろんありますが、どちらの運営形態でもメリット／デメリットがあります。自社の戦略に合わせて最適な運用形態を選択しましょう。

記事コンテンツを作ったことで得られた成果

記事コンテンツができたことによって、結婚式場検索しかなかった頃に比べれば、圧倒的にリーチを広げることができました。記事の場合、幅広いターゲット層に対してアプローチができるため、自然検索からの流入数をサービス部分と記事部分で比較すると、圧倒的に記事部分からの流入が多くなっています。

また、記事コンテンツを持つことで、SNSでの拡散を促しやすいのも大きなメリットです。私たちはSNSの中でも特にInstagramには力を入れていて、コンテンツの写真を複数投稿して、自然検索だけではなく、SNSからも流入を獲得できるように工夫しています。

オウンドメディアを運営するうえで苦労していること

結婚式場を検索できるサイトは他にももちろんありますが、他社と差別化できるようなヒットコンテンツを生み出すまでがとても大変でした。現在、弊社には「結婚式拝見」という、実際の結婚式の様子を密着取材させていただくヒットコンテンツがあるのですが、このコンテンツを作り上げるのが最も苦労したことですね。

このコンテンツは、弊社の編集担当とライターが結婚式1件1件を取材し、当日の様子をストーリー仕立てで記事にするというものです。この記事を見れば、実際の結婚式の様子や、一日のスケジュール、どういった苦労をされたのかなどがわかるので、まるで自分が結婚式に参列したように、その結婚式のことを知ることができます。結婚式場を紹介するページ

は、どうしてもスペックの訴求になりがちなので、私たちが独自に行った取材のコンテンツがあることで、その会場で結婚式を行うとどのような雰囲気になるのかというソフト面を伝えることができ、他社との差別化にもなっています。このコンテンツは約1年前からスタートした企画なのですが、当時はこのような取材コンテンツが業界内でも珍しく、現在までにシリーズ100本を超える大ヒットコンテンツになりました。

ただ、このコンテンツは1本を作るのに通常の記事の数倍も時間がかかります。私たちで取材をして記事を執筆することもあるのですが、私たちだけではリソースの問題で多くの本数を作ることが難しいので、ライターに依頼して記事を作成しています。1記事あたり4,000文字を超える長文ですので、正しいウェディングの知識を持ち、なおかつ花嫁さん方とうまくコミュニケーションを取っていく必要があります。そういった素養のあるライターと契約して、企画がスムーズに動き出すまでが本当に大変でした。

オウンドメディアの運営

コラムコンテンツの担当は、私たちを含めて3名です。3名でコンテンツの企画や編集など、記事コンテンツ全体のディレクションをしています。他にも、取材やライティングを担当するライターが、変動がありつつ15名ほどです。システム側に記事の入稿などを

サブドメインが良いケース

現在Googleでは、サブドメインが親ドメインの評価をある程度引き継ぐ設定となっていますが、一昔前はサブドメインを別ドメインだと認識していました。また、ボリュームの少ないメディアを複数持つよりも、ひとつの大きなメディアを持った方が、SEOにおいて有利ということもあり、以前はサブディレクトリにてコンテンツを持った方が良いとされていました。しかし、近年はメディアの「専門性の高さ」も評価のポイントとなっており、異なるテーマのコンテンツを展開するのではあれば、サブドメインにした方が良いケースもあります。

行うアルバイトが2名で、SEOの担当が1名です。このような体制でオウンドメディアを運営しています。

社内や結婚式場含め、関わってくださる方皆さん協力的ですね。社内のサービス側から、「この結婚式場を取り上げて欲しい」と依頼がきます。また、「結婚式拝見」は各式場にとってもメリットのあるコンテンツなので、結婚式場の方から「とても素敵なユーザーがいるので、取材して欲しい」とご紹介を受けるケースもあります。そのため、よくお話で聞くような「あのオウンドメディアの部署、何をやっているのかわからないよね」と言われるような空気はまったくないですね（笑）

コンテンツの更新頻度としては、「結婚式拝見」が月15本ずつ。その他のコンテンツが月25本。大体月に40本程度のコンテンツを作成しております。また、結婚式はその時々の流行りなども大きく影響してくるところなので、情報が古くならないように、過去記事のリライトにも力を入れています。また、ユーザー導線も非常に重要なので、関連記事の紐付け作業も適宜行っています。

記事コンテンツをはじめた当初は、まずは集客力を上げようということで、結婚式の基礎情報など、ビッグキーワードで上位表示できるコンテンツを量産していました。現在は第二フェーズとして、「結婚式拝見」など、他社との差別化によってユーザーの満足度を

高めるためのコンテンツの制作に注力しています。

これからの課題や目標

まだまだコンテンツが足りないと思っていますので、「結婚式拝見」でひとつでも多くの結婚式を取り上げられればいいなと考えております。

弊社は当初から、費用明細や口コミなど、ウェディングメディアの中では特異的なコンテンツを提供していました。実際に結婚式を体験された方の感想は、結婚式場を選ぶ際、最も気になるポイントだと思うので、「結婚式拝見」の他に、ユーザーから花嫁限定SNS「Brides UP! [ブライズアップ]」に投稿してもらいそれを各結婚式場のページにまとめたりもしていま

オリジナルのSNS

「Brides UP!」は、結婚式準備中や当日の様子を写真で記録・情報交換できるSNSです。ユーザー自身が情報発信をして、実際に結婚式を上げた花嫁さんの写真など、リアル結婚式のリアルな意見を知ることができるため、結婚式の準備にとても役立ちます。この様に、オウンドメディアの目的に合わせたオリジナルのSNSやアプリを運営することも非常に有効な手段です。

「Brides UP!」サイトのPCの画面

「Brides UP!」のiPhoneアプリ

す。これからも「みんなのウェディング」にしかない情報をたくさんご提供して、結婚式場を探す際は「みんなのウェディングを見たい」と思ってもらえるようになりたいですね。

また、ある程度のコンテンツの本数を用意できたあとは、自然検索やSNSからメディアに流入してきたユーザーが、どういった行動を取っているのか、カスタマージャーニーを見極めていきたいと考えています。

現状の「結婚式拝見」の形がベストとは思っておらず、今年はよりユーザーにとっての価値が上がるようにリニューアルする予定です。

オウンドメディアを運営するうえで重要なこと

コンテンツの数がイコール流入数に直結する部分ではあるので、流入を得るためにどうしてもコンテンツの量を気にする必要はあります

ですが、コンテンツの質はきちんと担保しなければいけないと考えます。量産することに気を取られて、「真偽が疑わしい」「モラルに欠ける」「無断転載」など、信憑性が低い記事を量産するような、ユーザーの期待を裏切るようなメディアになってしまってはいけないですよね。

近年、ユーザーにとって有益で良質なコンテンツを作るメディアも数多くありますので、さらに良いメディアが増えてくることを願っています。ただ、弊社も力を入れている「結婚式拝見」は、頑張っても月に15本程度しか作成できないですし、質にこだわりすぎるばかりに、一向にコンテンツが増えない状態も良くないので、バランスも大事だと思います。

そういった質の高いコンテンツを作成するためには、ライターの教育は必須です。記事を納品して終わりではなく、フィードバックして次の記事をもっと良くしていく必要があります。

もし新規でメディアを立ち上げるのであれば、あらかじめ有名なライターを確保して、インフルエンサーとしてコンテンツを拡散してもらって認知を広げて、流入が獲得できるような土台を作っていくのも、ひとつの手なのかなと思います。

インフルエンサー

インフルエンサーとは、SNSのフォロワー数が多いなど、世間に与える影響力が大きい人物のことを指します。近年は、こういったインフルエンサーにSNS上で商品PRをしてもらう「インフルエンサー・マーケティング」が非常に活発です。

ツールからひも解く！ 「みんなのウェディング」成功の秘訣

みんなのウェディングは、サービスサイトの中に記事コンテンツ用のディレクションを持つ、一体型メディアです。まずは、みんなのウェディングの中で人気のディレクトリを見てみましょう。人気のディレクトリ第1位の「manuals」は「結婚準備マニュアル」というコンテンツを取り扱うディレクトリです。また、人気第3位の「articles」は「みんなのウェディングニュース」という、こちらもコンテンツディレクトリです。

	フォルダ 711	シェア
1	mwed.jp/manuals	20.30%
2	mwed.jp/hall	19.09%
3	mwed.jp/articles	10.82%
4	mwed.jp/shikijo	1.29%
5	mwed.jp/community/questions	1.22%

人気のディレクトリ

次に、みんなのウェディングに流入してくるユーザーがどのようなキーワードで検索しているのかを見てみましょう。1位は「結婚式 招待状 返信」。他のキーワードを見ても、結婚式のマナーなどについて検索してきている人が多いですね。

みんなのウェディングでは、結婚式場を探すユーザーだけではなく、結婚に関わるすべての人と接点を持つことで、うまくリーチを広げています。より多くのユーザーに「まずは認知してもらう」ことは非常に重要です。自社のサービスに関連性の高いコンテンツをうまく取り入れることで、サイトへの入り口がぐっと広がります。

人気のディレクトリ

	検索ワード 14,456	トラフィックシェア	変化	オーガニック vs 有料		検索回数
1	結婚式 招待状 返信	5.98%	↑ 1.94%	100.00%	0%	120,330
2	結婚式 招待状	2.51%	↑ 145.52%	100.00%	0%	88,870
3	結婚祝い	1.47%	↓ -39.49%	100.00%	0%	135,420
4	みんなのウェディング	1.45%	↑ 27.08%	66.71%	33.29%	22,270
5	結納	1.40%	↑ 24.65%	100.00%	0%	-
6	婚姻届	1.30%	↑ 119.29%	100.00%	0%	69,750
7	結婚指輪	1.11%	↑ 146.49%	100.00%	0%	112,080
8	結婚式 持ち物	1.01%	↑ 44.73%	100.00%	0%	16,120
9	婚約指輪	0.88%	↓ -50.17%	100.00%	0%	78,120
10	結婚式 ご祝儀	0.81%	↓ -7%	100.00%	0%	19,180

流入キーワード

「みんなのウェディング」のポイントまとめ

結婚メディア領域ユーザーコンテンツ開発部 笠悠希子氏と堀宏美氏

「みんなのウェディング」は、「結婚式拝見」や「ユーザーからの式場利用の感想」など、独自性の高いコンテンツの作成に注力しており、他社との差別化を達成しているところが非常に素晴らしい点です。

Googleは、検索順位を決める際、オリジナリティのあるコンテンツを高く評価します。各結婚式場のページは競合他社でも同じく取り扱っているはずですが、「結婚式拝見」など、みんなのウェディングオリジナルのコンテンツを取り入れることで、結婚式場名で検索した際、検索結果の上位に表示されやすくなります。もちろん、「みんなのウェディングでしか見ることができない情報がある」ということは、競合と比べてユーザーにも優位性があります。ユーザーが欲しい情報は何なのかをきちんと考えることが重要です。

また、自然検索からの流入の他、SNSもうまく活用して集客をしています。記事コンテンツは、SNSとの相性が非常に良いので、SNSも積極的に活用していきましょう。

03 成功事例「経営ハッカー」

運営会社 freee株式会社
事例URL https://keiei.freee.co.jp/

freee株式会社が運営する「経営ハッカー」は、オンラインのサービスやクラウドを活用することで経営効率化を目指している中小企業の経営者やフリーランスに対して、会社設立・会計・経理・給与・決算・申告について使えるアイデアをシェアしています。現在400万PV以上の閲覧があるオウンドメディアです。経営ハッカー編集長の中山順司氏とマーケティング担当の椿龍之介氏からお話を伺いました。

経営ハッカー｜「経営 × テクノロジー」の最先端を切り拓くメディア

マーケティングにおける課題と、コラムコンテンツを作った動機

オウンドメディアを開始するというと、「集客したい」とか「認知を広げたい」とか、さまざまな効果を期待してはじめると思うのですが、私たちがこのブログをはじめた当初は、そういった効果を期待して行動していた訳ではありませんでした。

経営ハッカーは元々、代表の佐々木がひとりで書いていたブログからはじまりました。freee株式会社が設立された当初は、会計や経理についての情報がインターネット上にあまりなく、今後自分たちがクラウドの会計サービスというインターネット上でのサービスを展開するにあたって、そういった基礎的な情報が検索できるようになったら、ユーザーの役に立つのではないか、ということがブログを書きはじめた動機です。

運営が軌道に乗りだしてからは、少し欲が出てきて、PVをもっと増やそうとか、メディアとしての影響力を大きくしたいとか、後付けで目標が生まれました。クラウドの会計ソフトというものが、まだまだ認知されていない状態なので、サービスを知らない人に認知を広げていきたいですね。

オウンドメディアの運営体制

現在は代表の佐々木ではなく、専門部署で運営を行っています。編集長は何度か変わっていますが、現在は中山が担当していて、どのようなコンテンツを作るのか、企画やディレクションを行っています。

コンテンツのライティングは、社外の会計士、税理士、社労士さんに執筆を依頼しています。ライターとは違い、文章を書くプロではないので、表現方法には多少苦労していますね。専門的な用語もたくさんありますが、そのまま書いても伝わりづらいので。言葉の意味が正しく伝わるように、かつ専門知識がない人にもわかりやすく伝わるように、表現を試行錯誤しています。

ライティングは外注していますが、それ以外はほぼ内製できています。記事の企画やペルソナ設定、ライティングのアサインと編集は、社内編集部でおこなうことでメディア運営のノウハウを蓄積させるようにしたいですから。

更新頻度としては、週3本の新規コンテンツを投稿しています。2015年頃にはアーリーアダプターは獲得できているという実感があったので、これからはオウンドメディアを通じてもっとサービスに興味を持ってもらえるようにしていきたいと考え、ガイドブックなどのホワイトペーパーを作ったり、メルマガ配信をはじめていきます。本数が少なかった頃は、週10本のコンテンツを投稿することもありましたが、現在は量よりも質にこだわって生産しています。

アーリーアダプター

アーリーアダプターとは、新しい商品やサービスなど、革新的な出来事を比較的早い段階で受け入れてくれるユーザーのことを指します。アーリーアダプターが存在することによって、他のユーザーへも大きな影響を与えるとされています。

オウンドメディアを作ったことで得られた成果

いろいろな切り口でコンテンツを作っているので、さまざまな検索キーワードからの流入があり、クラウド会計というサービス自体を知らない多くのユーザーのリードを獲得できています。時期によって変化はありますが、月間200万から400万PV程度のメディアに成長しましたので、「会計業務に関わっている」「会計業務に課題を持っている」多くのユーザーにアプローチできているのは大きな成果だと思います。

もちろん、会社として一番の目的は、サービスをご利用いただくことなのですが、オウンドメディアを見たからといって、すぐにサービスを申し込んでもらえるとは考えていません。例えば、経理の人が会計のことについて何か調べたいことがあって、インターネットで検索をして経営ハッカーにたどり着いたとします。そこでコンテンツを読んで課題が解決したとしても、サービスを見るとは限らない。離脱するユーザーがほとんどですし、そのユーザーに対して無理な引き止めをしようとは思っていません。

経営ハッカーに2度3度と来ていただくうちに、徐々に経営ハッカー自体を好きになってもらって、更に「そんな会社が作っているサービスだったら試してみたいな」と思ってもらうことが重要だと思っています。そのために、数ヶ月をかけてナーチャリングをしていく。

それがオウンドメディアの役割だと思っています。

ナーチャリングの手法としては、自然検索から訪れたユーザーに、無料のガイドブックをダウンロードしてもらい、申込リストに対してメルマガを配信しています。また、ガイドブックはさまざまなものを用意していますが、その中でも、サービスの紹介資料などを申込いただいた場合は、営業から電話フォローをしたりもしています。変動はありますが、ガイドブックは月間で1,500件程度申込がきます。もし今オウンドメディアを運営していなかったら、Web以外の広告手法にも頼らざるをえない状態になって、もっと莫大な予算をかけてリードを取りにいくことになっていたと思いますので、「経営ハッカー」の存在は大きいですね。

オウンドメディアの効果測定と社内理解

サービスの申し込みという最終的なゴールにたどり着くまでに、「経営ハッカー」がどのような関わり方ができたのかを知ることは重要だと認識しているので、アトリビューション分析ができるツールを使った測定を行っています。最初に接点を持ったコンテンツはどれなのか、申込の決定打になったコンテンツはどれなのか、そこまでの流れをきちんと計測することで、今後のコンテンツ制作のヒントを得ることができます。

コンテンツの効果測定は、その後の舵取りが非常に重要です。作成したコンテンツはきちんと読まれているのか、我々が意図した方向へ進んでいるのか。反応の良いコンテンツがあれば、それを横展開したり、もっとコンテンツを良くするために、何をすればいいのかを考えたり。効果測定と改善はセットで考えた方がいいですね。

また、きちんと効果測定ができていれば、オウンドメディアが事業に貢献していることが社内で可視化されます。社内理解を得るためには、オウンドメディアの価値を担当者がきちんと証明していかなければならないと考えています。

特に、PVだけが評価指標になっているメディアだと、「たくさん読まれています。だからなに？　売上に貢献できているの？」と思われてしまう。オウンドメディアが多くのユーザーに訪問されていて、その先で何が起こっているのかまで報告しないと、理解を得にくいですよね。「問い合わせした人の60%がコンテンツを経由していて、運営前と比べて、30%も数字が増えていますよ」というように、第三者が聞いて納得できるロジックを組み上げるのがとても重要。でなければ、社内の理解を得られないと思います。

これからの目標

代表の佐々木がはじめた当初と変わりません。「価値ある情報を必要としている人にきちんと届ける」ことが目標です。今後、ユーザーのニーズが動画になるのであれば、動画を作りますし、手段や手法が変わっても、やるべきことは同じですね。

例えば、飲食店などでももちろん会計業務は必要ですが、タイプがあるようです。店長自身が、営業時間が終わったあとで会計業務をやらなければいけない。そうすると、業務の時間が伸びてしまう。会計業務の負担が少しでも軽くなるように、経理・会計知識がない人でもちゃんと会計業務ができたりして欲しい。サービスを使う以前に、どういった作業が必要なのか、課題に対する解決策はないのか、知識をつける必要があるので、経営ハッカーでその手助けができたら嬉しいですね。

最近ではSNSで拡散されるようなコンテンツが評価されがちですが、弊社ではそこに乗っかってはいこうとは考えていません。話題性作りのコンテンツだとか、いわゆる「バズるコンテンツ」で頑張ろうとすると、ネタに走りすぎたりだとか、本質とは違うコンテンツになってしまう。それはしたくないです。リードを広げていきたい気持ちはもちろんありますが、ユーザーに深く刺さるコンテンツにしたいという思いの方が強いですね。

また、「問い合わせを何件にしたい」という営業目線の目標はありません。それをやってしまうと、サービス申込に直結するコンテンツしか作れなくなってしまう。そうなると、ユーザーにとって、本当に価値のあるコンテンツではなくなってしまうので、意味が無くなってしまいます。問い合わせに引っ張られて、問い合わせを獲得するための記事を書きはじめたら、オウンドメディアがユーザーにとって価値のないものになってしまうので、あえて目標は立てていません。

オウンドメディアを運営するうえで重要なこと

最近は、「コンテンツを作ること」が目的になっているメディアが多くなっているような気がします。サービスのゴリ押しになっていたり、プレスリリースを少し修正しただけのものであったり。「そのコンテンツは、本当にユーザーにとって価値があるの？」と思ってしまいますね。そうではなくて、「ユーザーが何を求めているのか」ということから逆算してコンテンツを作っていくべきだと考えています。

また逆に、良いコンテンツがたくさんあるのに、更新が止まっているメディアも良く見かけます。最新コンテンツを見たら、最終更新が2016年で止まっていたりすると、もったいないなと思いますね。どういった理由にせよ、会社が継続するという選択肢を取らなかったということは、経営層などの上層部に、オウンドメディアの価値を理解してもらえてなかったのかも知れません。

当たり前のことなのですが、「目的を持って続けていく」ということが成果を出すポイントだと思います。

日々の作業に追われると、いつのまにか目的を忘れてしまいがちになりますが、目標・KPIをしっかりと立てて、それを社内の共通認識にしていくことが、オウンドメディアを運営するうえで最も重要なことです。

サイト設計からひも解く！「経営ハッカー」成功の秘訣

経営ハッカーが他のメディアに比べた圧倒的な長所は、オウンドメディアの導線設計です。サイトの右カラムには、誘導バナーを設置。もちろん、コンテンツの最下部にも誘導バナーがあります。ユーザーに次に起こして欲しいアクションを明確にした上で、適切な箇所にリンクを設置しています。

しかし、リンクの誘導先は「サービスサイト」だけではありません。「無料ビジネステンプレート集」や「無料ガイドブック」など、ユーザーのニーズに合わせてさまざまなホワイトペーパーを用意しています。

オウンドメディアに訪れるユーザーの多くは、サービスの検討フェーズではなく、あくまで潜在的なニーズを

CVポイントが豊富。

持った状態です。すぐにサービスサイトへ誘導するわけではなく、このようなライトCVを設けることで、潜在ユーザーのメールアドレスなどを自然に入手することができます。メールアドレスがわかれば、メルマガ配信を行うことができますので、よりデジタルナーチャリングをしやすくなります。

無料のガイドブックや書類のテンプレートなど、さまざまな層のユーザーが求めるホワイトペーパーが勢揃い！

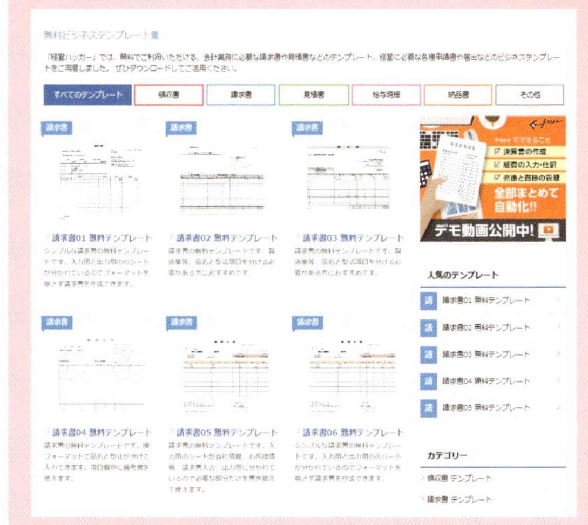

「経営ハッカー」のポイントまとめ

「経営ハッカー」は、ユーザーが求める情報を追求しているだけではなく、サービスサイトへの誘導や、ホワイトペーパーの配布など、マーケティング視点で見ても非常に優れたオウンドメディアです。会社全体が経営ハッカーの重要性を理解して、メディア運営に対する社内理解が進んでいることが成功のポイントだと言えるでしょう。適切な効果測定を行い、オウンドメディアの状況を積極的に報告していったことで、そうした状況を作っていけたのだと考えられます。

経営ハッカー編集長 中山順司氏とマーケティング 椿龍之介氏

アトリビューション分析は、Google Analyticsなどの無料ツールだけでは分析しきれないところもありますが、ユーザーのCVまでの流れを知るうえで重要な視点です。効果測定を元にコンテンツの改善を行ったり、適切なCVを増やしたりなど、オウンドメディア全体のブラッシュアップを行うことができます。ある程度の流入を獲得できるようになってからは、きちんと解析してみましょう。

04 成功事例「BNL(Business Network Lab)」

運営会社 Sansan株式会社
事例URL https://bnl.media/

名刺アプリ「Eight」が運営する「BNL(Business Network Lab)」は、ビジネスネットワークの起点になる「出会い」と、その後のコミュニケーションのかたちを究めるメディアです。さまざまな業種・業界で活躍する著名人に取材を行ったインタビューコンテンツを展開しています。Sansan株式会社Eight事業部BNL編集長の丸山裕貴氏とEight事業部リードデザイナーの友近玲也氏からお話を伺いました。

BNL (Business Network Lab) | ビジネスネットワークを究めるインタビューメディア

マーケティングにおける課題と、コラムコンテンツを作った動機

ビジネスマンなら誰でも名刺交換をすると思うのですが、その後は名刺をしまったままで、有効活用できていないケースが意外と多いんですよ。名刺を交換して大事にしまっておくだけだと、あまり交換した意味がない。何か新しいビジネスをやりたいと思ったときに、何かのきっかけで過去につながった人のことを思い出して、その人に依頼しようと思いつくことが、名刺の本当の価値だと思うんです。Eightは名刺管理ツールですが、単に連絡先を管理するだけではなくて、そういった人と人とのつながりを大事にしたいと考えていました。そして、その価値をどうやって伝えていくか、ということが課題でした。

そこでまずは、そういった「人と人とのつながり」を活用できている人たちが、どうやって「つながり」を創っているのか、「つながり」によってどのような影響があったのかを聞いて回ろうと考えました。元々Eightの新機能リリースや、掲載メディアの紹介を行うために広報が運営していたEightブログというものがあったのですが、このブログにインタビューコンテンツを追加して、それを「BNL（Business Network Lab）」という形ではじめたのが、2016年8月です。

Eightのフィード画面

Eightの機能面でも、名刺情報以外のプロフィールを掲載できる機能や、SNSのようにユーザー自身が好きに情報発信することができるフィード機能、つながった人同士がチャット形式でやり取りができるメッセージ機能など、ユーザー同士のコミュニケーションにフォーカスした機能をリリースして、より「人と人とのつながり」を活用できるような土台を整えました。

想定読者と流入チャネル

Eightは、現在約200万人のユーザーに利用されているのですが、Eight内のフィードにBNLのコンテンツを流せるしくみにしています。それまではそこにあまり面白いコンテンツを配信できていなかったのですが、せっかく大きな海があるので、水源のBNLに面白いコンテンツを流せば、サービス利用ユーザーにとってエンゲージメントが高まると考えました。

そのため、BNLはEightのフィードを見てアクセスしてくる人がとても多く、流入チャネルの約8割程度を占めています。また、Eightユーザーは全員、自身の名刺を登録しているので、全ユーザーのメールアドレスがわかっています。希望するユーザーに対して月に1回、BNLのコンテンツを紹介するメールを配信しているので、そこからの流入もありますね。あとは、他メディアと共同でコンテンツを作ったり、定期的に

イベントを行ったりしているので、そこからのアクセスもありますが、どの流入チャネルからの流入でも、基本的にはEightユーザーですね。

世の中の多くのオウンドメディアは、新規ユーザーを獲得するために運営しているケースが多いと思います。BNLは、基本的には、Eightを使ってくれているビジネスパーソンへの情報提供をメインとしていて、新規ユーザーの獲得を目指したオウンドメディアとは役割が異なるので、自然検索からの流入にはあまりこだわっていません。

オウンドメディアの運営

基本的な運営は、1人体制で行っています。コンテンツの企画出し、インタビューなどのスケジューリング、取材は自分で書くときもあれば、ライターにお願いして書いてもらうときもあります。企画からすべて外注するという選択肢ももちろんありますが、はじめの内はメディアの軸がぶれないよう、自分でコントロールできる範囲でやるべきだと考えています。そろそろ運営開始から時間も経ってメディアの方向性が固まってきたので、関わるメンバーを増やしていってもいいかも知れないですね。現在の更新ペースが、1週間に1本程度なので、来年からはもっと体制を増やして、テーマも広げていきたいと考えています。

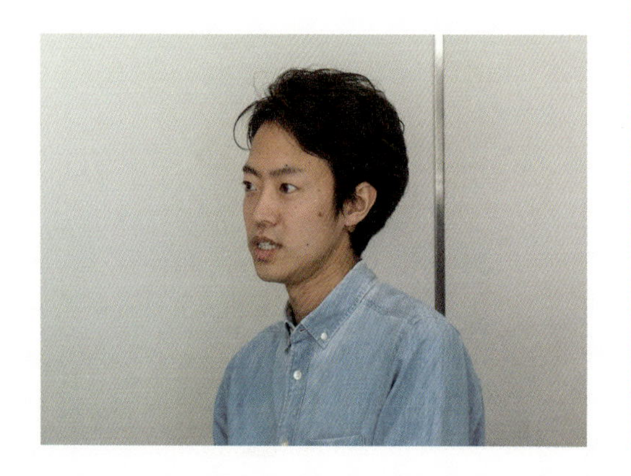

流入チャネル

流入チャネルとは、ユーザーが何経由でWebサイトに訪れたのかを測るGoogle Analyticsの指標のひとつです。検索エンジンで検索を行って流入してきた「Organic Search」。リスティング広告などの有料検索から流入してきた「Paid Search」。FacebookやTwitterなどのSNSから流入してきた「Social」。別サイトのリンクなどから流入してきた「Referral」。ブックマークやお気に入りなどから直接流入ししてきた「Direct」。メールマガジンなどから流入してきた「Email」などがあります。

インタビューコンテンツを作ったことで得られた成果

インタビューコンテンツを作ろうと企画を考えた際、いちばんはじめにEightのヘビーユーザーをリストアップしてみました。そして、ヘビーユーザーを上から見ていくと、上位はだいたいIT企業の社長だったんです。確かに、IT企業は名刺管理をすごくきちんとやっていますよね。ただ、そういう人たちに話を聞いくだけじゃつまらない。インタビューがIT企業ばかりになってしまったら、仲間うちで盛り上がっている感じにも見えてしまいます。そこで、ITから離れようということになりました。そして、IT企業以外の「意外な」ヘビーユーザーを探して、サッカーの鈴木啓太さん、ロンドンブーツ1号2号田村淳さんなど、ビジネスの領域にも挑戦している著名人方へインタビューを行いました。そして、そういった方々のインタビューを掲載すると、Eight以外のSNSでも話題になったんですよ。使う層が広がったのを感じました。

インタビューコンテンツは、無くても困ることはないです。ただそれが成果として見えにくいだけで、インタビューコンテンツの存在でプラスになっていることは絶対にあります。これがあったことで、ユーザーの満足度が高まったり、名刺交換が促進されていたりとか、目には見えにくいプラスがあるんだと考えています。

また、オンラインのコンテンツだけだとなかなかメディアの認知が広がりにくいので、インタビューした人に登壇をしてもらって、Eightユーザー同士の交流を深めるイベントも行っています。こういったイベントは、インタビューコンテンツがあったからこそやりやすかったかも知れないですね。

社内から期待されていることとKPI

社内から期待されていることのひとつは、Eightのブランディングです。BNLを通じて、私たちの想いを知ってもらうことがとても重要だと考えています。次に、ユーザーのロイヤリティを高めること。フィードはユーザーが自由に投稿できるところですが、まだユーザーとあまりつながっていない人はコンテンツが流れてこないので、BNLのコンテンツの存在は大きいです。フィードを見たときに面白いコンテンツがあることで、ユーザーのロイヤリティが高まるので、それも重要な役割だと考えています。あまり新規獲得を狙ったメディアではありませんが、まだEightを使ったことがない方がBNLを見て、世界観に共感してくれて、最後はこのメディアを通して新しいユーザーになってもえたら嬉しいですね。

現在は、1記事あたり1万から2万PVくらいの閲覧がされています。サイト全体のPVではなく、1記事1記事のPVを意識しています。ただ、最も大切にしている数値は滞在時間ですね。単純に長いコンテンツが良いということでもないとは思いますが、BNLではページ分割をしていません。よく、PVを稼ぐためだけに、やたらとページ分割をするサイトを目にしますが、ユーザーの立場に立ってみると、ページ分割は少ない方が嬉しいですよね。コンテンツを最後まで読んでくれる人がどのくらいいるのかという指標として、滞在時間を見ているのですが、平均3分から4分くらいの滞在時間です。これはすごく良い数字だと思っています。

公開してから2週間くらいで流入が落ち着いてきま

すので、PVや滞在時間を見て、数値が悪いコンテンツがあった場合は、原因を探りつつ次回に活かしています。

デザインでこだわったポイント

サイトのデザインはすごく工夫しています。更新頻度が高い記事ではないので、下の方で企画を組む場所を作ったり、カテゴリ別でコンテンツをピックアップできるデザインにして、過去記事がまた目立つようにしたり。時事ネタのように、コンテンツが流れて消えていくものではなくて、過去のコンテンツも腐らない、誰がいつ読んでも楽しめるメディアを目指しています。

BNL自体は、メディアとして収益を上げようとして

過去のコンテンツを企画としてまとめた箇所の画像。

いるものではないので、広告も載せていないですし、デザインも没入して読めるように工夫しています。コンテンツの内容を邪魔しないようなデザインにするため、フォント・サイズ・行間に至るまで、他のメディアを見て読みやすいパターンを何パターンも出して研究して、徹底的にこだわりました。そうすることで、コンテンツの内容に集中できるので。
それから、注目させたい言葉や関連記事へのリンクを飛び出させて、あえて違和感を出すことで、コンテンツを読んでいるとき、すぐに飛び込んでくるようなデザインにしています。海外のメディアではたまにある手法ですが、日本ではあまり見ないですね。

また、Eight自体はグレーでモノトーンベースなのですが、そこで使っている色が大体15種類くらいあって、BNLでも同じ色を使うようにしています。ユーザーがEightからBNLに移動してきても、親和性が出るちょっとした仕掛けですね。

あとは、写真にもすごくこだわっていて、クオリティの高いカメラマンをアサインしています。Facebookなどの SNSでシェアされたとき、いちばん最初に目に飛び込んでくるのは写真です。写真でその記事を読むのかを判断されたりするんですよね。なので、カメラマンともすごく密にコミュニケーションを取って、ときには取材する日と撮影する日を分けたりもしています。このメディア自体、TOPの写真を大きく見せて、写真が映えるようなデザインにしています。TOPの写真が変わるだけでメディアの印象が変わりますよね。

すぐに飛び込んでくるようなデザインの箇所。

これからの課題や目標

オウンドメディアをセオリー通りにやろうとすると、事例紹介メディアになっていくんですよね。Eightをどうやって活用していくのか、という話に行きがちになるというか。サービスの利益にとらわれすぎたコンテンツ制作は避けたいと考えています。Eightのことをプッシュしすぎるとただの広告になってしまうので、BNLでは、あえてそういったコンテンツは扱っていないんです。名刺は出会いのはじまりで、出会いがないとビジネスは成り立たない。「出会いをもっとよくしていきたい」「つながりを活用していきたい」そういった価値を広めたい。このメディアを通して「Eightを使い倒してください」と言いたい訳ではなくて、私たちが目指しているビジョンに共感してもらえるような人たちを増やしたいと考えながらBNLを運営しています。

ただ、そういった活動をしていると、「もうちょっとEightのユーザーが増えるような記事を作ったほうがいいんじゃないか」とか、「Eightの利益に直結したコンテンツを作って欲しい」という要望が社内から上がってくることがあります。それももちろんその通りで、コストをかけて人員も増やして、よりこのメディアを大きくしていくには、Eightの価値に直結するものも出していかなければいけない。そこをどうやって両立していくのかというところが、これからの課題だと思っています。

オウンドメディアを運営するうえで重要なこと

オウンドメディアを運営するのは、サービスや事業自体を宣伝するというよりは、その事業がどういうビジョンを持っているのか、というのを伝えるための場所だと考えているので、明確なビジョンがある企業なら、ぜひ作るべきだと思います。

ただ、メディア運営はそんなに簡単に成果が出るものじゃないということは、きちんと理解すべきですね。そこを勘違いしている人が多いんだろうなと思います。メディア運営をしていると、思わぬ反響があったり、すごいもののように見えがちで、期待しちゃうと思うのですが、そんなに期待しないで欲しいですね（笑）成果を出すためには地道な更新が必要ですし、成果が出るまでに時間もかかります。社内の理解が非常に大切ですね。

SNSからひも解く！「BNL」成功の秘訣

Eightは、ただの名刺管理ツールではなく、メッセージやフィードなどを通して、SNSのようにユーザー同士が交流できるようになっています。そして、BNLでは公開したコンテンツをEightのフィード上で公開しています。登録したばかりのユーザーはフィードに流れてくる情報が少ない状態ですが、これによりフィードが賑やかになる効果があるほか、Eightの考え方や世界観を「BNL」を通して伝えていくことができます。SNSを通じてユーザーとコミュニケーションを取っていくことが、ブランディングにおいて非常に重要なポイントです。

これはFacebookやTwitterなど、一般的なSNSでもある程度の真似は可能です。オウンドメディアで発信した情報をSNSで発信していくことで、SNSアカウントのフォロワーを増やし、交流していくことができます。

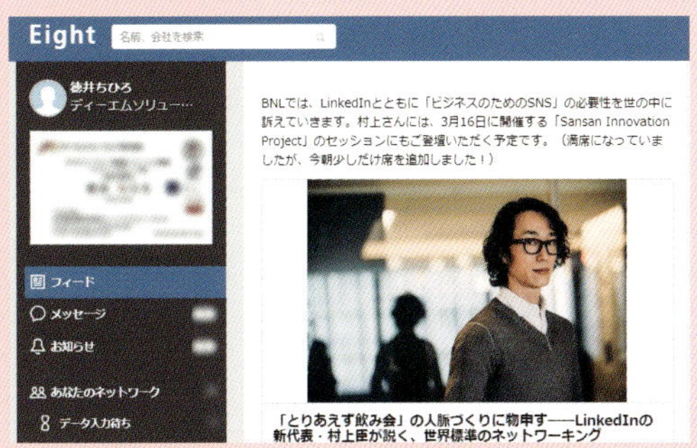

Eightのフィードでは、BNLのコンテンツが流れてきます。

「BNL」のポイントまとめ

BNLは、新規顧客の獲得を主としたメディアとは異なり、自社の想いを伝え、ユーザーのロイヤリティを高めるといった役割を持ったオウンドメディアです。コンテンツの企画から、デザインの隅々に至るまで、独自の世界観を徹底的に貫いているのが大きな長所です。Eightのフィード欄にコンテンツを流すなど、サービスとの連携が取れているのも、多くのオウンドメディアには無い特徴です。

BNL編集長 丸山裕貴氏とリードデザイナー 友近玲也氏

オウンドメディアの役割は新規顧客の獲得以外にも、ブランディングなどさまざまな効果があります。企画段階から、自社がオウンドメディアを通じて何をしたいのかを明確にしておくと、コンテンツの方向性が決まりやすいでしょう。

05 成功事例「WORKSIGHT」

運営会社 コクヨ株式会社
事例URL https://www.worksight.jp/

コクヨ株式会社が運営する「WORKSIGHT」は、働く環境を考える企業キーパーソンに向けた、ワークスタイル戦略情報メディアです。年2回発行の紙媒体「MAGAZINE版」と、随時更新のインターネット媒体「Web版」の2つのメディアで展開しています。同じくコクヨ株式会社が運営するカフェ「Think of Things」にて、WORKSIGHT編集長の山下正太郎氏からお話を伺いました。

WORKSIGHT｜働くしくみと空間をつくるマガジン［ワークサイト］

マーケティングにおける課題と、コラムコンテンツを作った動機

コクヨはオウンドメディアという言葉がない時代から情報発信に積極的な会社で、自分たちの働いているオフィスを1969年頃から公開し、働く風景を実際に見学していただくライブオフィスというメディアを運営しています。

1988年に創刊して2009年まで、21年間続いた『ECIFFO』という雑誌がありました。高度経済成長期というオフィス環境の変革時に、海外のオフィスデザインを中心に紹介していました。それが休刊になった後、次の役割を担って2011年に立ち上げたのが、この「WORKSIGHT」です。『ECIFFO』の時代は、オフィスのデザインが主体のメディアだったのですが、WORKSIGHTは、オフィスのデザインだけではなく、働き方やマネジメントのあり方などのテーマも取り込んだメディアとなっています。

『ECIFFO』や「WORKSIGHT」のようなメディアを持つ目的は、自分たちのポジショニングを変えるということです。ご存知の通り、コクヨは家具や文具の販売をしていますが、これは商流でいえば最後の方に位置します。例えば、オフィスについて考えてみましょう。オフィスビルを作るデヴェロッパーがいて、そのオフィスビルの中のデザインをする人がいて、その家具を担当しているのが我々です。なるべく上流のポジションからビジネスに関わるためには、さまざまなノウハウを持っている必要があります。

そのため、ひとつは研究開発の目的があります。オフィストレンドは日本よりも海外が先行するので、い

コクヨの「ライブオフィス」

ち早く情報収集するために、メディアが必要だったのです。研究開発のためにオフィスを見せて欲しいと言ってもなかなか見せてもらえませんが、メディアの取材となれば受け入れてもらいやすい。もちろん、最新情報を発信することは企業のブランディングにもなります。

また、市場育成という目的もあります。「働き方改革」という言葉が近年注目されていますが、日本の働く環境はとても保守的です。人材の流動性も低いため、一社に長く勤める傾向もいまだ根強い。いざオフィスや働き方を考えなければならない際に、他の企業の情報もありませんから狭い視野で捉えがちです。そうした課題を打開するためにも、最新情報を掲載したメディアは必要だと考えています。

メディアの運営

この活動に関わる社員は3名で、企画・編集・取材に主体的に関わっています。一部記事の執筆や、SNSの運用もこなしています。編集プロダクション、Webデザイナー、Webディレクター、アートディレクターは外部に頼っています。

コンテンツは、比較的コストをかけて作成している方だと思います。ただPVを集めるという目的のコンテンツなら格安の記事を大量に作る方法もあるかも知れませんが、自社のこだわりを読者にきちんと伝えたいので、能力のあるメンバーで充実したコンテンツを作ることにこだわっています。

モバイルファーストインデックス

従来のGoogleの検索エンジンアルゴリズムは、デスクトップ版のコンテンツを元にサイトを評価していましたが、近年のモバイル利用率増加を受けて、モバイル版のコンテンツをもとに評価してインデックスを行うようになりました。このインデックスの評価指標変更を「モバイルファーストインデックス」といいます。

コンテンツ制作で重要なポイントは、まずは自分たちが納得できること。言い換えれば、リアリティがあるかどうかがとても重要です。オフィスや働き方を取り扱うメディアは他にもたくさんありますが、実際に現地に出向き、ここまでリアルな現場を取材しているメディアはあまりないと思います。コンテンツに使用している写真は、撮影用にオフィスの整理もしませんし、モデルも使いません。ありのままのオフィスの姿を撮るようにしています。また自分たちでインタビューや観察を通じて記事化するようにしているので、編集メンバーの視点が色濃く反映されています。手間はかかりますが、そのプロセスを得ないと自信をもってコンテンツの内容を社内外に浸透させるのは難しいと思っています。

雑誌の想定読者の中心は、コクヨのユーザー企業で経営課題を場所の力・働き方で解決したい企業経営者、経営企画室、総務人事などの管理職です。また、ゼネコンや設計事務所に勤める建築設計者やインテリアデザイナーなど、空間創りのプロフェッショナルにも読んでいただいています。一方でWebは、コクヨのユーザーというよりはオフィスや働き方に漠然とした疑問を感じている20代後半から30代前半の若い世代が中心です。

「WORKSIGHT」の紙媒体版

オウンドメディアを運営する上で苦労していること

世界中のオフィスを旅しているような感覚を読者に伝えるために、リアリティがあり、独自性の高い情報を掴んで来るのが、とても大変です。一番苦労していることは、取材交渉ですね。セキュリティの問題で、年々オフィスを取材することが難しくなっています。10件申し込んで2件取材許可をもらえれば良い方です。取材先を探して、相当な数にアタックすると同時に情報のストックを常にアップデートしなければならない根気がいる作業です。

また、当たり前のことですが雑誌とWebを両立させていくことも苦労していることのひとつですね。現在は雑誌が主体になっているのですが、正直なところモバイルファーストなど日々変化するWebのトレンドに編集部がキャッチアップできているとは言えない状況です。専業でやっている出版社やスタートアップではないので予算取りや執行などのオペレーション上の柔軟性も保ちづらい。コンテンツに関しても、紙のコンテンツをそのままの状態でWebに流しても、必ずしも最適ではありません。Webでは、雑誌の内容にインタビュー記事をプラスして掲載しているのですが、インタビューコンテンツの方が圧倒的に人気ですね。読者とのエンゲージメントを考えると、雑誌とWebに加えてイベントなどリアルな接点も重要だと考えています。多様なチャネルをどう使い分けミックスしていくのか、試行錯誤が続いています。

社内から期待されていることとKPI

社内から期待されていることとしては、まずは社外的なインパクトや、話題性のある活動につながったかどうかです。サービスサイトへ誘導したいとか、問い合わせが欲しいとか、そういった目先の効果を期待したメディアではないので、オウンドメディア自体にWebとしてPVなどのKPIに重きは置いていません。毎期どういったところに波及したのか主に定性的に見ています。現状ではおかげさまで業界内では「WORKSIGHT」が一定のポジションを獲得しているので、それを起点とした案件や研究開発が生まれています。

今までは、顧客のところに行くにもカタログを配ってアプローチしていくのが主体でした。ただ、現代ではさすがに限界があります。ここ数年、ようやく社内のメンバーもWebの重要性に気付きはじめた感じがします。そう言っても、私たちがいかに「WORKSIGHT」をアピールしても、社内で反響を作るのはなかなか難しい。しかし社外で反響があれば、社員が「あれ、WORKSIGHTってすごいんじゃないか?」と思わせることができる。こちらで必死にお願いするより、社外で話題になってはじめて注目してくれる。外部をつかって上手く社内を動かすことは意識してやっています。

会社の上層部は、積極的にこの活動にコミットしてくれているので、企画のための考える時間をたっぷりくれる環境はあります。勤務形態もコアタイムの無いスーパーフレックスなので、何時から働いて何時に帰っても構わないですし、どこで働いてもいい。編集メンバーの高い自由度は、良い企画アイデアを生むことに大きく影響していると思います。

これからの課題や目標

最近では不動産デヴェロッパーやゼネコンなど上流のプレーヤーから声をかけてもらう機会が随分と増えてきました。働き方改革の潮流もそれを後押ししています。綺麗なオフィスさえあれば上手くいくということではなく、どのようなツールや使い方、ルールなど俯瞰した視点のソリューションが求められますし、何よりこのメディアでこだわっているリアリティがなければ絵に描いた餅でしかない。もし「WORKSIGHT」をはじめとするオウンドメディアの活動がなければ、ただの下請けになっていた可能性が高いのではないでしょうか。

しかしただ情報を右から左に伝達するような機能は、今のメディアに求められてはいません。例えばサンフランシスコで新しく画期的なオフィスができたとしても、SNSを通じて翌日には情報が頒布しているような時代です。それを我々が後追いで取材して、半年かけて取材したとして、どこまで価値があるのか。一次情報からどう付加価値をつけて提供できるのかが、重要になってきますよね。写真と、それを見てわかる情報だけじゃなくて、我々にしかできない分析的な視点でプラスアルファを付け加えていきたいと思っています。

また、市場育成で言えば、「WORKSIGHT」のブランドで家具や文具などの商品、あるいはアワードを作るような方向も模索してみたいですね。

オウンドメディアを運営する上で重要なこと

即効性のある活動ではないので、営業的な思考が強すぎるとプロジェクトが難しくなると思っています。メディアの運営は長い目でみるべきで、短期的に成果を出そうとしてはいけない。急ぎすぎて肝心のコンテンツが雑になってしまったら、それこそ成功が遠くなるのではないかと。

私が他のメディアを見るときは、作り手の血の通ったコンテンツなのかどうかが気になります。どこにでもある情報を取り扱ったメディアはつまらないなと思う。逆に、同じ対象を扱ったとしても切り口が斬新であれば定期的に訪れたくなります。

ただ、最近は自分がどのメディアを見ているかという意識はしていないかも知れません。いろいろなキュレーションメディアやニュースフィードを見ているので、特定のメディアを見ているという意識がないです。面白ければどこのメディアなのかは関係なく、いろいろなメディアのコンテンツが印象に残る。定期的にチェックする本当に好きなメディア以外は、コンテンツだけの魅力で見ています。短時間で効率よく情報収集できるキュレーションメディアは一定の役割を持っていると思いつつ、自分たちがその中で認識される存在になるかどうかは、今後のとても大きな課題ですね。

キュレーションメディア

美術館や博物館で展示品の研究・収集・展示・保存・管理をする職業の人を「キュレーター（学芸員）」と呼びます。そこから派生して、インターネット上の情報を収集し、テーマごとにまとめて共有する人のことを「キュレーター」と呼んでいます。今はWebが発展し、一般ユーザーが情報を容易に発信出来る時代です。コンテンツも乱立しています。そこで、「キュレーター」と呼ばれる人が、テーマに沿って情報を収集して公開することで、閲覧ユーザーにとって新たな価値が生まれます。このようなサイトをキュレーションメディアといいます。

ツールからひも解く！ 「WORKSIGHT」成功の秘訣

WORKSIGHTは、紙とWeb、ふたつの顔を持つメディアです。新規ユーザーの獲得を目的としたオウンドメディアではないため、自然検索からの流入をそこまで気にされていないとのことでしたが、WORKSIGHTへ訪れるユーザーはどこからやってくるのでしょうか。シミラーウェブを使って見てみましょう。

トラフィックソース（流入元）を見てみると、多くのユーザーが「Direct」つまり、ブックマークやお気に入りなどから直接流入してきていることがわかります。WORKSIGHTは、海外の最新オフィスデザインを追求したメディアのため、サイトを定期的に訪れるファンが多いのだと思います。世界観をしっかりと作り込むことによって、サイトのファンを作ることは重要ですね。

	Traffic Source	Source Type	Global Rank	Traffic Share	Change	Category
1	Direct	Direct	-	37.59%	↑ 22.29%	-
2	Google Search	Search / Organic	-	35.04%	↑ 27.61%	Unknown
3	evernote.com	Referral	#704	5.25%	-	Computer and Electronics > Sof...
4	Twitter	Social	-	3.97%	↑ 95.01%	Unknown
5	Yahoo Search	Search / Organic	-	2.24%	↓ -87.5%	Unknown

多くのユーザーが直接流入してきています。

「WORKSIGHT」のポイントまとめ

WORKSIGHT 編集長 山下正太郎氏

WORKSIGHTは、紙とWeb、ふたつの顔を持つメディアです。雑誌の方では、海外の素敵なオフィスの写真が多く使用され、とても洗練されています。Webのオウンドメディアの方でも雑誌が持つ雰囲気はそのままに、Web用のインタビューが掲載されているなど、Webにおけるユーザーの興味に合わせて工夫がされています。Webのオウンドメディアがあることで、雑誌だけでは獲得しきれないユーザー層の獲得や、紙媒体では難しい、ソーシャルでの拡散もできており、うまく両立されていています。

カタログや小冊子を定期的に発刊している企業は多いですが、ほとんどの場合、それをWebに活かしきれていないため、非常に良いモデルケースだと言えます。紙のコンテンツをWeb用に修正して使用すれば、紙媒体だけではリーチが難しいユーザーへアプローチすることもできますので、ぜひ積極的に活用してみましょう。

INDEX
用語索引

記号・数字・アルファベット

INDEX

五十音

INDEX

INDEX

おわりに

いかがでしたか？　オウンドメディアの概念からはじまり、事前準備やコンテンツ制作、効果測定と改善など、オウンドメディアを運営するうえで必要なノウハウを余すことなくお話しさせていただきました。オウンドメディアにお悩みを持つたくさんの方のお役に立つよう、基礎的な内容も盛り込んだため、ちょっと退屈と感じた部分もあったかも知れませんが、少しでもみなさまの心に残る項目があれば嬉しく思います。

また、成功するオウンドメディアの運営担当者のインタビューは、課題に共感できるものも多かったのではないでしょうか。SEOやアクセス解析など「技術的な問題」ももちろん重要ではありますが、運営体制や社内理解など「人間的な問題」も、オウンドメディアの成功を左右する重要な要素です。

筆者自身も「デジタルマーケティング研究所」という、Webマーケティングに関するオウンドメディアを運営しておりますが、はじめの頃は社内理解が得られずに苦労しました。また、オウンドメディア運営の知識があまりない状態からスタートしたこともあり、せっかく書いたコンテンツがなかなか読んでもらえず、「流入が少ない」「上位表示できない」「CVがない」など、成果に対する悩みも尽きませんでした。

筆者自身がトライアル・アンド・エラーの中で感じた「つまづき」。成功するオウンドメディアの運営からひも解いた「成功の秘訣」。本書は、ふたつの要素から得た知識をすべて詰め込んでおります。できることから少しずつ挑戦いただければ、本書がみなさまのオウンドメディアを成功に導いてくれると思います。

徳井ちひろ

監修者・著者プロフィール

山口 耕平

ディーエムソリューションズ株式会社 ソリューション営業部 部長
新卒入社した大手音楽配信サービス会社で全国2位の営業実績をあげたのち起業し、ECサイトの運営を行う。その後、大手AV機器メーカー系マーケティング会社を経て、2008年8月ディーエムソリューションズへ入社。トップセールスとして成果を上げつつ、コンサルティング型SEOサービスの設計や100以上のWebサイト分析を行うなど幅広い業務で活躍。現在は営業、リスティング広告の運用、SEOコンサルタントの経験を活かし、セミナー登壇や自社のマーケティング責任者として指揮を揮う。

徳井 ちひろ

ディーエムソリューションズ株式会社 ソリューション営業部 マーケティンググループ 主任
大学卒業後、新卒としてディーエムソリューションズへ入社。新規営業チームに配属され、トップセールスとして営業をこなしながら、自社メディア「デジタルマーケティング研究所」の記事執筆や、採用インターンシップの企画運営、分析資料の開発などマルチに活躍。3年目にはマーケティング担当に抜擢され、自社メディアの運営や、展示会・セミナーの運営、リスティング広告の運用、MA・SFAを使ったリードナーチャリングなどのマーケティング分野に尽力。オウンドメディアの流入を3倍、リード数を10倍にするなどの成果をあげ、多くのメディアで取材されている。

デジタルマーケティング研究所
https://digital-marketing.jp/

取材協力

株式会社 ALL CONNECT（高瀬邦明）
株式会社みんなのウェディング（笠 悠希子、堀 宏美）
freee株式会社（中山順司、椿 龍之介）
Sansan株式会社（丸山裕貴、友近玲也）
コクヨ株式会社（山下正太郎）

※掲載順

STAFF

装幀・本文デザイン　吉村朋子
カバー・本文イラスト　Hama-House
編集・DTP　株式会社ウイリング

編集長　後藤憲司
担当編集　塩見治雄

オウンドメディアのやさしい教科書。
ブランド力・業績を向上させるための戦略・制作・改善メソッド

2018年4月1日　初版第1刷発行

監修者・著者　山口耕平
著者　徳井ちひろ
発行人　藤岡 功
発行　株式会社エムディエヌコーポレーション
〒101-0051 東京都千代田区神田神保町一丁目105 番地
https://www.MdN.co.jp
発売　株式会社インプレス
〒101-0051 東京都千代田区神田神保町一丁目105 番地
印刷・製本　中央精版印刷株式会社

[内容に関するお問い合わせ先]
株式会社エムディエヌコーポレーション カスタマーセンター メール窓口

info@MdN.co.jp

本書の内容に関するご質問は、Eメールのみの受付となります。メールの件名は「オウンドメディアのやさしい教科書。 質問係」、本文にはお使いのマシン環境（OS、バージョン、使用ブラウザーなど）をお書き添えください。電話やFAX、郵便でのご質問にはお答えできません。ご質問の内容によりましては、しばらくお時間をいただく場合がございます。また、お客さまの環境に起因する不具合や本書の範囲を超えるご質問に関しましてはお答えいたしかねますので、あらかじめご了承ください。

[カスタマーセンター]
造本には万全を期しておりますが、万一、落丁・乱丁などがございましたら、送料小社負担にてお取り替えいたします。お手数ですが、カスタマーセンターまでご返送ください。

落丁・乱丁本などのご返送先
〒101-0051　東京都千代田区神田神保町一丁目105 番地
株式会社エムディエヌコーポレーション カスタマーセンター
TEL：03-4334-2915

書店・販売店のご注文受付
株式会社インプレス　受注センター
TEL：048-449-8040 ／ FAX：048-449-8041

ISBN978-4-8443-6741-3　C3055